Elektromotoren für Gleichstrom.

Von

G. Roessler,

Professor an der Königl. Technischen Hochschule zu Berlin.

Mit 49 in den Text gedruckten Figuren.

Berlin. 1899. **München.**
Julius Springer. R. Oldenbourg.

Vorwort.

Das vorliegende Buch bildet die erweiterte Ausarbeitung eines Cyklus von Vorträgen, die ich im Sommer 1898 vor einem Kreise von Maschinen-Ingenieuren in der Technischen Hochschule zu Berlin gehalten habe. Der Zweck dieser Vorträge war, dem Ingenieur, welcher Gleichstrom-Elektromotoren in seinen Anlagen verwendet, die Betriebseigenschaften derselben und deren wissenschaftliche Grundlagen in möglichst einfacher, aber doch streng wissenschaftlicher Weise vorzuführen und zu begründen. Die Darstellung ist deshalb der Denkweise des mechanisch geschulten Verstandes möglichst angepasst und stützt sich nur auf die bekanntesten physikalischen und mechanischen Grundsätze. Auf mathematische Eleganz habe ich Verzicht geleistet und selbst einfache algebraische Zwischenoperationen gescheut, weil diese den Boden der natürlichen Vorgänge verlassen und wie ein Tunnel durch einen Berg den Weg zwar zu kürzen imstande sind, dafür aber auch häufig genug den Zusammenhang zwischen Ausgangspunkt und Ziel verdunkeln und beide unvermittelt aneinandersetzen.

Um das Buch gerade auch dem ausserhalb der speciellen Interessen des Elektrotechnikers Stehenden zugänglich zu machen, habe ich den Umfang möglichst eingeschränkt und überall nur das grundsätzlich Wichtige hervorgehoben. Specielle Ausführungen und Einrichtungen dagegen, wie z. B. die verschiedenen Systeme der Ankerwicklungen oder die vielen praktischen vorkommenden Variationen in der Gestaltung der Feldmagnete sind nur angedeutet, aber nicht ausführlich beschrieben, in der Annahme, dass ihr Verständniss auf der gegebenen Grundlage vorkommenden Falles dem Leser leicht wird.

Da die Elektromotoren ihrer inneren Natur nach auch Stromerzeuger sind, so ist der Besprechung eines jeden Motortypus diejenige des entsprechenden Dynamotypus unmittelbar angeschlossen; sachlich nothwendig war dies für die Betrachtung der Methoden der elektrischen Bremsung und der Kraftrückgabe. Das Buch behandelt also eigentlich Elektromotoren und Dynamomaschinen. In den Titel sind indess die Dynamomaschinen nicht aufgenommen, um den besonderen Zweck des Buches klar hervortreten zu lassen.

Berlin, April 1899.

G. Roessler.

Inhalt.

III. Drehmoment und Arbeitsleistung eines Gleichstrom-Ankers.

IV. Elektromotorische Gegenkraft und Beziehungen zwischen Motor und Generator.

V. Magnet-Motor und -Generator.

VI. Nebenschluss-Motor und -Generator.

VII. Hauptstrom-Motor und -Generator.

VIII. Kompound-Motor und -Generator.

IX. Elektrische Bremsung, Kraftrückgabe, Umsteuerung.

I. Grundgesetze des elektrischen Stromes.

Die kontinuirliche Bewegung der Elektricität durch einen Leiter, welche man als elektrischen Strom bezeichnet, wird, wie die Strömung einer Flüssigkeit, hervorgerufen und unterhalten durch eine treibende mechanische Kraft. Mit dem Vorbehalte einer späteren genaueren Definition sei aus dem elektrischen Fluidum ein gewisses Quantum herausgeschöpft gedacht, welches als „Einheit der elektrischen Masse" bezeichnet werde. Die Menge J der Elektricität, welche sekundlich durch einen Leiterquerschnitt fliesst, oder die „Stromstärke", ist dann offenbar proportional der Kraft F, die jede Masseneinheit vorwärts treibt, und dem Querschnitt q, welcher der Strömung dargeboten wird. Bei einem Flüssigkeitsstrome hinge die Durchflussmenge noch ab von der Gestalt der Rohre, von Krümmungen u. s. w. Der elektrische Strom dagegen ist von der Gestalt der Leiter unabhängig, wird aber unter sonst gleichen Umständen wesentlich beeinflusst durch ihren Stoff. Diese Eigenschaft kann man leicht durch die Annahme erklären, dass die verschiedene mechanische und chemische Beschaffenheit der Körper im letzten Grunde in einer verschiedenen Gestalt und Lagerung, oder Bewegung der kleinsten Theilchen besteht und der elektrische Strom, indem er sich zwischen den Theilchen hindurchdrängt, verschiedenen Widerstand findet. Fasst man diesen Einfluss des Stoffes in einer Materialkonstanten λ zusammen, so ergiebt sich also

$$J = \lambda \, q \, F.$$

Nach dieser Gleichung kann λ als die „specifische Leitungsfähigkeit" des Materials bezeichnet werden; in der That entspricht λ diesem Begriff, denn die Stromstärke J wird bei gleicher treibender Kraft F

und gleichem Querschnitt q um so grösser, je grösser λ ist. Auch den reciproken Werth von λ

$$c = \frac{1}{\lambda}$$

kann man einführen und den „specifischen Leitungswiderstand" nennen. Es wird dann

$$J = \frac{1}{c} q F$$

und

$$F = \frac{c}{q} J.$$

Wichtiger als die Kenntniss der treibenden Kraft F ist für die Elektrotechnik aber die Kenntniss der Arbeit E, welche diese Kraft leistet, wenn die von ihr getriebene Masseneinheit einen Leiter von bestimmter Länge l durchströmt. Da nach bekanntem mechanischen Grundsatze

$$E = F \cdot l$$

ist, so ergiebt sich für E der Werth

$$E = c \frac{l}{q} \cdot J \quad \ldots \ldots \ldots \quad (1)$$

Diese Gleichung ist bekannt unter dem Namen: das Ohm'sche Gesetz. E heisst conventionell die „Elektromotorische Kraft", obgleich es nach Obigem eigentlich nicht die Kraft, sondern die Arbeit bedeutet, welche beim Durchtreiben der elektrischen Masseneinheit durch das Leiterstück l aufzuwenden ist. Der Ausdruck

$$c \frac{l}{q} = w \quad \ldots \ldots \ldots \quad (2)$$

wird bezeichnet als der „Widerstand" des Leiters. Diese Benennung ist berechtigt, weil nach Gl. 1 die E. M. K., die zur Herstellung eines bestimmten Stromes aufzuwenden ist, um so grösser sein muss, je grösser der Werth von w ist. Demnach wird

$$E = J w.$$

Das Ohm'sche Gesetz liefert also eine Bedingung, welche die Stromquelle erfüllen muss, wenn in einem Leiter von gewisser in Gestalt von w gegebener konkreter Eigenart eine Stromstärke J erzeugt werden soll. Diese Bedingung drückt sich aus in der Arbeit E, welche die Stromquelle im Stande sein muss auf die elektrische Masseneinheit beim Durchfliessen des Leiters zu übertragen.

Offenbar lässt sich dieses Gesetz aber erst dann für die Technik fruchtbar verwerthen, wenn allgemein anerkannte und leicht reproducirbare Einheiten vorhanden sind, in denen die darin vorkommenden Grössen ausgedrückt und gemessen werden können. Bei der gewaltigen Höhe der Kapitalien, welche der Vertrieb von Elektricität heutzutage in Umsatz bringt, ist die Aufstellung und gesetzliche Festlegung solcher Einheiten auch von grosser volkswirthschaftlicher Bedeutung.

Die Einheit der Stromstärke. Da der elektrische Strom sinnlich nicht wahrgenommen werden kann, so lässt sich die Stromstärke nicht mit mechanischen Hülfsmitteln direkt messen. Man ist gezwungen, eine der sinnlich wahrnehmbaren Wirkungen dazu zu benutzen. Für die Aufstellung einer Einheit ist am zweckmässigsten die Benutzung der elektrochemischen Wirkung und speciell die Zersetzung von Metallsalzlösungen. Das Gesetz für diesen Vorgang ist besonders einfach: Die ausgeschiedenen Metallmengen sind der Stromstärke und der Zeit proportional und lassen sich mit der chemischen Wage leicht mit grösster Genauigkeit bestimmen. Für die Feststellung der Stromeinheit ist durch internationale Einigung eine Lösung von Silbernitrat gewählt worden, in welche für die Zuführung und Ableitung des Stromes Silber-Elektroden eintauchen. (Silber-Voltameter.) Als Einheit ist derjenige Strom festgesetzt, welcher in einem solchen Apparate sekundlich 1,118 mg Silber aus der Lösung niederschlägt. Die Stärke dieses Stromes heisst 1 Ampère.

Das oben erwähnte elektrochemische Grundgesetz liefert nun eine principiell einfache Methode, beliebige Stromstärken in dieser Einheit zu messen. Leitet man nämlich den zu messenden Strom durch ein Silber-Voltameter, und findet man darin eine sekundlich niedergeschlagene Silbermenge von G mg, so ist der Strom offenbar

$$J = \frac{G}{1,118} \text{ Ampère.}$$

Ein solches Verfahren ist indess nur als Feinmessmethode geeignet; für die Praxis ist es zu umständlich und zeitraubend.

Die in der Technik verwendeten „Ampèremeter" benutzen meist die elektromagnetische Kraft des Stromes, d. h. die Zugkraft, welche ein stromdurchflossener Draht — am besten eine Spirale oder „Spule" — auf ein benachbartes Eisenstück ausübt. Hängt man z. B. einen

1*

dünnen Eisendrath oberhalb einer Spule an einem Hebel auf und schickt durch die Spule Strom, so zieht sie den Eisendraht um so tiefer in sich hinein, und der Hebel dreht sich um so mehr, je stärker der Strom ist. Um die Drehung des Hebels zu messen, kann an der Axe desselben ein Zeiger angebracht werden, welchen man vor einer festen Skala spielen lässt. Die Aichung eines solchen Instrumentes lässt sich leicht bewerkstelligen, indem man den ihm zugeführten Strom auch durch ein Silbervoltameter schickt und an dem Skalentheil, über welchem sich der Zeiger dann einstellt, den mit dem Voltameter gemessenen Strom vermerkt. Dasselbe Verfahren wäre für den ganzen Messbereich des Ampèremeters so häufig zu wiederholen, bis genügend viele Punkte der Skala untersucht sind. Bei praktischer Ausführung der Aichung wird man runde Werthe der Stromstärke benutzen und daraus eine Skala bilden. Unsere modernen Fabriken elektrischer Messinstrumente verwenden allerdings das Silber-Voltameter nicht mehr, sondern haben einfacher zu handhabende Normale, die aber ihrerseits durch das Silber-Voltameter als Urnormal kontrollirt werden müssen. Die physikalisch-technische Reichsanstalt hat die Aufgabe, diese Kontrolle auf Wunsch vorzunehmen und amtlich zu beglaubigen. Sie benutzt dazu eigene Normale, die sie mit dem Silbervoltameter vergleicht.

Die Einheit des Widerstandes. Da der Widerstand eines Leiters gegenüber dem elektrischen Strom nur durch die Dimensionen l und q und die Eigenthümlichkeit des Materials (c), also durch ganz konkrete Eigenschaften desselben gegeben ist, so pflegt man das Wort Widerstand nicht allein für den abstrakten Begriff des Widerstehens, sondern auch für den konkreten Begriff des Widerstand bietenden Leiters selbst anzuwenden und einen Leiter direkt als einen Widerstand zu bezeichnen. In diesem Sinne kann die Einheit des Widerstandes theoretisch durch jedes beliebige, willkürlich gewählte Drahtstück repräsentirt werden, und für die Wahl des Materials können praktische Gründe die Entscheidung geben. Man hat sich für die Benutzung von Quecksilber entschieden, weil dieses durch Destillation am leichtesten chemisch rein herzustellen ist, und bei ihm in Folge seines flüssigen Zustandes Verschiedenheiten des molekularen Gefüges nicht möglich sind, welche den Widerstand beeinflussen könnten. Als Widerstandseinheit ist ein Quecksilberfaden von 1 qmm Querschnitt und 1,063 m Länge festgesetzt. Diese Einheit heisst 1 Ohm.

Die Messung eines Widerstandes d. h. der Vergleich mit dem genannten Normal von einem Ohm kann leicht unter Benutzung des Ohm'schen Gesetzes geschehen. Man braucht nur das Normal-Ohm w_1 und den zu messenden Widerstand w_x nach einander an dieselbe Stromquelle anzuschliessen und die Ströme J_1 und J_x mit einem Ampèremeter zu bestimmen. Wenn die E.M.K. der Stromquelle E, d. h. die Arbeit, welche diese auf die elektrische Masseneinheit übertragen kann, inzwischen dieselbe bleibt, so ergeben sich für die beiden Fälle die Gesetze

$$E = J_1\, w_1$$

und

$$E = J_x\, w_x\,,$$

und es wird daher

$$w_x = \frac{J_1}{J_x}\, w_1\,,$$

d. h. man erhält w_x direkt in Ohm, da $w_1 = 1$ ist, wenn man die in Ampère gemessenen Stromstärken durch einander dividirt. Vorausgesetzt ist hier allerdings, dass beide Widerstände w_1 und w_x allein in den Stromkreisen vorhanden sind. Diese Bedingung ist aber niemals in reiner Form zu erfüllen, da alle Stromquellen: Batterien, Akkumulatoren etc. und auch das Ampèremeter selbst Widerstand haben; man kann ihrer Erfüllung aber nahe kommen, wenn man die Verhältnisse so einrichtet, dass die übrigen Widerstände gegen w_1 und w_x verschwindend klein sind.

Die geschilderte Methode ist trotzdem als praktisches Verfahren zur Messung von Widerständen nicht gebräuchlich; sie möge an dieser Stelle mehr als Beispiel einer Anwendung des Ohm'schen Gesetzes und zur Fixirung der darin vorkommenden Begriffe dienen. Wenn man nach diesem oder einem ähnlichen Verfahren einen Widerstand von bekannten Dimensionen l und q bestimmt hat, so kann man nach Gl. 2 leicht den specifischen Widerstand c berechnen. Man erhält, wenn man l in Metern und q in Quadratmillimetern ausdrückt,

für Kupfer $\quad c = \frac{1}{50}$ bis $\frac{1}{60}$
Eisen $\qquad c = 0{,}1$
Neusilber $c = 0{,}16$ bis $0{,}36$.

Umgekehrt kann man mit Hilfe dieser Werthe dann auch Widerstände von Drähten oder Spulen mit beliebigen anderen Längen und Querschnitten nach Gl. 2 in Ohm berechnen.

Die Einheit der Elektromotorischen Kraft. Nachdem
die Einheiten für Strom und Widerstand festgelegt sind, steht die
Wahl der Einheit der E. M. K. nicht mehr frei, wenn man das Ohm'-
sche Gesetz ohne Uebergangsfaktor anwenden will. Man wird diejenige E.M.K. als die Einheit bezeichnen, welche in einem Drahte
von einem Widerstande von 1 Ohm einen Strom von 1 Amp. erzeugt. Diese Einheit heisst 1 Volt. Das Ohm'sche Gesetz gestattet
dann von den drei Grössen E, J und w in einfachster Weise die
eine auszurechnen, wenn die anderen bekannt sind. Ein Stromkreis von 100 Ohm Widerstand bedarf z. B., wenn ein Strom von
10 Amp. in ihm erzeugt werden soll, einer E.M.K. von $100 \cdot 10 =$
1000 Volt.

Hier erscheint es am Platze, die Synonymik der beiden Begriffe:
Elektromotorische Kraft und Spannung näher zu erklären. Bisher
ist ausschliesslich der erstere Ausdruck für die Arbeit gebraucht
worden, welche die Stromquelle auf die elektrische Masseneinheit
beim Durchfliessen eines Leiters überträgt, weil in dem Wort „elektro-
motorisch" die Bedeutung des treibenden Agens enthalten ist. Man
pflegt diesen Ausdruck aber nur zu benutzen für die Arbeit, welche
die Masseneinheit beim Durchfliessen eines ganzen, in sich geschlossenen Stromkreises leistet, während man diejenige, welche
beim Durchströmen eines begrenzten Leiters als eines Theiles des
Stromkreises zur Auslösung kommt, als die Spannung bezeichnet.
Auch diese bezieht sich wieder auf die Masseneinheit. Im Folgenden soll eine E.M.K. stets mit E, eine Spannung mit E_p bezeichnet
werden.

Wird z. B. an eine Dynamomaschine von 0,1 Ohm Widerstand
eine Lampenbatterie von 100 Lampen angeschlossen, welche 2 Ohm
Widerstand hat, so ist der Widerstand des gesammten Stromkreises
$0,1 + 2 = 2,1$ Ohm. Soll dadurch ein Strom von 50 Amp. geschickt
werden, so muss die Maschine eine Elektromotorische Kraft erzeugen von 50 Amp. $\cdot$ 2,1 Ohm $= 105$ Volt. An der Lampenbatterie
besteht dann aber nur eine Spannung von $50 \cdot 2 = 100$ Volt. Die
übrigen 5 Volt gehen in der Dynamomaschine verloren, weil das
Durchfliessen von deren Wickelung ebenfalls elektrische Arbeit kostet.
Eine mechanische Analogie mit dem oben betrachteten Beispiel
bietet eine Dampfmaschine mit Kessel und Verbindungsleitung. Der
wirklich an der Lampenbatterie vorhandenen Spannung E_p entspricht dabei die Admissionsspannung des Dampfes, der E.M.K. der

Dynamo die Kesselspannung, und dem Spannungsverlust in derWicke-
lung der Dynamo entspricht der Spannungsverlust in der Dampf-
leitung.

Das Ohm'sche Gesetz, welches die B e r e c h n u n g einer Spannung
E_p an einem Leiter ermöglicht, wenn dessen Widerstand w und der
durchfliessende Strom J bekannt sind, kann auch als Grundlage für
eine M e s s u n g von E_p benutzt werden, wenn man weder w noch J
kennt. Verbindet man nämlich die Klemmen von w mit den Klemmen

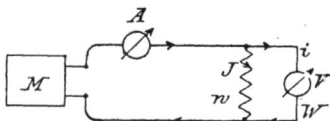

Fig. 1.

eines Ampèremeters (V in Fig. 1) und bildet dadurch eine Abzweigung zu dem in w einfliessenden Strom, so giebt man dadurch dem
Ampèremeter dieselbe Spannung E_p , welche an w herrscht, und die
Stärke des Zweigstromes, der in das Ampèremeter fliesst, muss sich
ebenfalls nach dieser Spannung richten. Offenbar kann dabei E_p ebenso gut aus w und seinem Strome J, wie aus dem Widerstand des
Ampèremeters W und dessen Strom i berechnet werden, und es besteht die Gleichung:

$$E_p = J w = i\, W.$$

Ist der Ampèremeter-Widerstand W in Ohm bekannt, so ergiebt
die Multiplikation der Ampèremeter-Angaben mit W direkt die zu
messende Spannung in Volt, und damit ist eine einfache Methode
der Spannungsmessung gegeben. Natürlich wird man aber dem
Benutzer solcher Spannungs-Ampèremeter jene Multiplikation ersparen
und schon das Resultat derselben auf der Skala angeben. Auf diese
Weise wird das Ampèremeter zu einem Voltmeter, welches, an beliebige Klemmen gelegt, die Spannung zwischen denselben direkt
anzeigt.

Eine hydraulische Analogie zu diesem Messverfahren würde man
schaffen, wenn man z. B. die Pressung des einer Wasserkraftmaschine
zugeführten Druckwassers nicht mit dem Manometer, sondern dadurch
bestimmte, dass man vor der Maschine vom Hauptrohre ein dünnes
Nebenrohr abzweigte und darin einen Wassermesser einschaltete.
Veränderungen in der Pressung würden dann auch eine proportionale

Veränderung der abgezweigten Wassermenge zur Folge haben. Wie man nun bei der Wassermessung ein möglichst dünnes Zweigrohr benutzen würde, um Wasser zu sparen, so stellt man auch die Spulen der Voltmeter aus vielen Windungen dünnen Drahtes her, damit diese dem Strom einen grossen Widerstand bieten und der abgezweigte Strom nur gering wird. In allen Anlagen der Starkstromtechnik sind die Voltmeterströme stets so klein, dass sie gegenüber den anderen Strömen vernachlässigt werden können.

Fig. 1 enthält ausser dem Voltmeter V auch noch ein Ampèremeter A, direkt in den nach w fliessenden Strom geschaltet, so dass man erkennt, wie einfach die Messung der grundlegenden Grössen Spannung und Stromstärke in der Elektrotechnik ist. Dieselbe Schaltung kann man auch für eine ganze Licht- oder Motorenanlage anwenden, indem man die letztere wie einen einfachen Widerstand w behandelt und die Hauptschienen des Schaltbrettes, an welches sie angeschlossen ist, als die Klemmen dieses Widerstandes betrachtet.

Die in Fig. 1 dargestellte Schaltung kann auch zur Messung des Widerstandes w selbst benutzt werden. Da das Voltmeter die Spannung E_p an diesem Widerstande und das Ampèremeter die Stromaufnahme desselben anzeigt, so ist nach dem Ohm'schen Gesetze

$$w = \frac{E_p}{J} \,.$$

Genau genommen misst freilich das Ampèremeter A ausser J den in das Voltmeter fliessenden Zweigstrom i noch mit; doch kann von der Berücksichtigung desselben nach der obigen Bemerkung abgesehen werden.

Die Einheit der Arbeitsleistung. Die Arbeit A, welche ein Strom beim Durchfliessen eines Leiters sekundlich leistet, folgt direkt aus E_p und J. Nach der Definition von E_p als der Arbeit einer Maasseinheit und von J als der Anzahl aller Massen, welche sekundlich durch einen Querschnitt strömen, ergiebt sich die sekundliche Arbeit aller Massen als das Produkt von E_p und J. Es ist

$$A = E_p \cdot J. \quad \ldots \ldots \quad (3)$$

Die Einheit dieser Leistung, welche auch als der „Effekt" des elektrischen Stromes bezeichnet wird, folgt dabei unmittelbar aus den Einheiten von Spannung und Stromstärke, und tritt dann in einem Leiter auf, wenn durch ihn ein Strom von 1 Amp. fliesst und an seinen Klemmen eine Spannung von 1 Volt vorhanden ist.

Diese Einheit nennt man 1 Volt-Ampère oder 1 Watt. 1000 Watt heissen 1 Kilowatt. Gl. 3 ergiebt also A in Watt, wenn man E_p in Volt und J in Amp. einführt.

Die Beziehung zwischen dieser Einheit der elektrischen Arbeit und der mechanischen Arbeitseinheit von einer Pferdestärke ist derart, dass

$$736 \text{ Watt} = 1 \text{ P.S.} \quad \ldots \ldots \quad (4)$$

zu setzen sind. 1 P.S. beträgt also rund $^3/_4$ Kilowatt.

Eine Berechnung des Uebergangsfaktors 736 lässt sich an dieser Stelle nicht geben, weil die oben aufgestellte Definition des Ampère, Ohm und Volt eine rein äusserliche ist und nicht wissenschaftlich begründet wurde. Der wissenschaftliche Grund für die Wahl dieser Einheiten liegt in ihrer Herleitung aus einem „absoluten elektromagnetischen Maasssystem", bei welchem die Gesetze der mechanischen Kräfte, die Ströme auf Magnete ausüben, benutzt werden, um aus der Einheit der mechanischen Kraft Einheiten für die elektrischen und magnetischen Grössen abzuleiten. Eine ausführliche Darstellung dieses absoluten Maasssystems wird am Schlusse dieses Buches als Anhang folgen. Die Wahl der oben benutzten Definitionsweise rechtfertigt sich nicht nur durch ihre grössere Einfachheit, sondern auch deswegen, weil sie auch bei der reichsgesetzlichen Festlegung der elektrischen Einheiten gewählt wurde[1]).

Als Beispiel für das Grundgesetz der elektrischen Arbeitsleistung möge der Wirkungsgrad eines Motors berechnet werden, welcher bei 100 Volt Spannung und einer Stromaufnahme von 87,5 Amp. 10 PS_e liefere. Da 10 P.S. = 7360 Watt sind, und die Effektaufnahme bei $E_p = 100$ Volt und $J = 87,5$ Amp. sich auf $E_p J = 8750$ Watt beläuft, so wird der Wirkungsgrad

$$\eta = \frac{7360}{8750} = 84,1 \, \%.$$

---

[1]) Das Gesetz, betreffend die elektrischen Maasseinheiten ist in No. 138 des Reichsanzeigers am 14. Juni 1898 veröffentlicht worden und an diesem Tage in Kraft getreten. S. auch Elektrotechnische Zeitschrift 1898, S. 195 und 294. Es enthält bei der Definition der Einheiten zur schärferen Präcision der Begriffe noch einige Zusätze, auf deren Wiedergabe für den vorliegenden Zweck verzichtet werden kann. Das Watt ist im Gesetze nicht definirt.

Neben den Bestimmungen über die Einheiten enthält das Gesetz noch wertvolle Festsetzungen über die Wirksamkeit der Physikalisch-Technischen Reichsanstalt bei der Kontrolle und Beglaubigung von Messinstrumenten.

Drückt man nach dem Ohm'schen Gesetz E_p durch J und w oder J durch E_p und w aus, so erhält man für die Arbeitsleistung auch die beiden Gleichungen

$$A = \frac{E_p{}^2}{w} \quad \ldots \ldots \ldots \quad (5)$$

und

$$A = J^2 w \quad \ldots \ldots \ldots \quad (6)$$

Gl. 6 ist diejenige, welche allgemein benutzt wird, wenn festgestellt werden soll, welche elektrische Arbeit ein Widerstand w, z. B. die Ankerwickelung oder die Schenkelspulen eines Motors sekundlich verschlucken, wenn sie von einem Strome J durchflossen werden. Diese Arbeitsleistung, welche nur zum Durchtrieb des Stromes durch w aufzuwenden ist, muss natürlich in dem Auftreten einer andern Energieform ihr Aequivalent finden: sie setzt sich bekanntlich um in Wärme. Der Vorstellung kann diese Erscheinung wiederum am einfachsten dadurch zugänglich gemacht werden, dass man annimmt, die elektrischen Massen erführen Reibung, indem sie zwischen den mechanischen Massentheilchen des Leiters hindurchgepresst werden, und diese Reibung erzeugte die Wärme. Aus der exakten wissenschaftlichen Definition der elektrischen Einheiten folgt, dass jedes Watt 0,24 Gramm-Kalorien äquivalent ist. Ein Strom von J Amp. erzeugt also in einem Widerstand von w Ohm sekundlich

$$Q = 0,24 \cdot J^2 w \text{ g. cal.} \quad \ldots \ldots \quad (7)$$

Die gefährdende Erbitzung, welche diese Wärmeerzeugung zur Folge hat, und der damit verbundene Arbeitsverlust bilden die Hauptgesichtspunkte für die Berechnung des Querschnittes q der Wickelungen von Motoren und Generatoren. Da nach Gl. 2 der Widerstand um so kleiner wird, je grösser q, müssten ceteris paribus Arbeitsverlust und Erhitzung um so geringer werden, je dicker die stromdurchflossenen Leiter sind, wie man ja auch durch ein weites Rohr unter geringerem Energieaufwand Flüssigkeiten hindurchpressen kann als durch ein enges. Durch die Spulen des feststehenden Magnetgestells von elektrischen Maschinen pflegt man pro qmm Querschnitt nicht mehr als 1—3 Amp. zu führen, während man die Wickelung des rotirenden Ankers je nach dem Grade der Ventilation mit 3 bis 10 Amp. „Stromdichte" belasten kann.

Aus Gl. 6 erkennt man, dass im Gegensatze zu der Forderung, welche oben für das Voltmeter aufgestellt wurde, die Spule eines

Ampèremeters nur kleinen Widerstand w, also möglichst wenige Windungen dicken Drahtes enthalten soll; denn, wenn das Stromintervall festgelegt ist, für dessen Messung das Ampèremeter zu dienen hat, so lässt sich die in ihm verloren gehende elektrische Arbeit nur dadurch herabdrücken, dass man w so klein wie möglich macht. Auch hier gilt wieder die Analogie mit einem Wasserstrome, denn auch ein Wassermesser muss auf möglichst geringen Widerstand konstruirt werden, damit er nur möglichst wenig von der vorhandenen Druckhöhe absorbirt. Die modernen elektrischen Volt- und Ampèremeter sind so eingerichtet, dass die in ihnen verloren gehende Arbeit nur verschwindend klein ist.

II. Grundgesetze des Magnetismus.

Es ist bekannt, dass eine drehbare Magnetnadel von einem ihr nahe gebrachten Magnet abgelenkt wird. Die Richtung der Drehung ist verschieden, je nachdem das eine oder das andere Ende des zweiten Magnets der Nadel genähert wird. Man erklärt sich dies durch das Vorhandensein je zweier entgegengesetzter Pole in beiden Körpern, welche mit magnetischen Massen entgegengesetzter Natur oder, mathematisch gesprochen, entgegengesetzten Zeichens angefüllt sind, und unterscheidet darnach positive oder nordmagnetische von negativen oder südmagnetischen Massen. Alle Experimente, welche man bei verschiedenster Gegenüberstellung von Magnet und Nadel machen kann, finden eine gemeinsame Erklärung, wenn man annimmt, dass alle Massen ungleichen Vorzeichens sich anziehen und alle Massen gleichen Vorzeichens sich abstossen. Auch die Grösse der Kraft, mit welcher Magnet und Nadel auf einander wirken, lässt sich exakt berechnen, wenn man die Hypothese benutzt, dass je zwei Massen m_1 und m_2, welche sich in der Entfernung r von einander befinden, die Kraft

$$F = \frac{m_1\, m_2}{r^2} \quad . \quad . \quad . \quad . \quad . \quad . \quad (8)$$

auf einander ausüben. Freilich muss dabei zur Berechnung der Gesammtkraft endlicher Magnete auch die Vertheilung der Massen im Innern derselben bekannt sein.

Diese Formel dient zweckmässig als Ausgang für die Wahl einer passenden Einheit für die magnetische Masse. Nimmt man an, die beiden Massen seien einander gleich und $m_1 = m_2 = m$, so ist

$$F = \frac{m^2}{r^2} \quad . \quad . \quad . \quad . \quad . \quad . \quad (9)$$

Man wird also diejenige magnetische Masse m als Einheit bezeichnen, welche auf eine gleiche Masse m in der Entfernung $r = 1$ die Kraft $F = 1$ ausübt und kann dabei die Einheiten für r und F noch beliebig wählen. r wird allgemein gemessen in Centimetern, aber F nicht in Kilogrammen oder Grammen, sondern in den sogenannten „absoluten Krafteinheiten" oder „Dynen", welche den 980,6. Teil eines Grammes betragen[1]).

Mit diesen Festsetzungen ist indessen zunächst ein praktischer Gewinn noch nicht erzielt, da die Vertheilung der magnetischen Massen im Eisen sich nur in wenigen Fällen mit einiger Annäherung theoretisch berechnen lässt und die direkte Messung der Kraft F oder eine Berechnung auf anderem Wege leichter ist als unter Benutzung von Gl. 8. Die Aufstellung einer Einheit der magnetischen Masse hat aber deswegen grosse wissenschaftliche Bedeutung, weil die Kraftwirkung, welche eine solche in der Nähe eines beliebigen Magnets erfährt, als ein eindeutiges Kriterium für die Stärke des letzteren betrachtet und zum Vergleich mit anderen Magnetsystemen benutzt werden kann.

Die Stärke eines Magnets spricht sich ganz allgemein aus in den Kraftwirkungen, welche benachbarte kleine Magnete oder Eisenstückchen durch ihn erfahren. Da solche Wirkungen in dem ganzen Raum, welcher den Magnet umgiebt, vorhanden sind, so kann dieser Raum als mit magnetischen Kräften begabt betrachtet werden. Man bezeichnet ihn als ein magnetisches Feld. Als Maass für die Stärke dieses Feldes kann also diejenige Kraft gewählt werden, welche eine in obiger Weise definirte positive Masseneinheit oder ein „Einheitspol" an beliebiger Stelle erfährt. Diese Kraft, in Dynen gemessen, heisst denn auch die „Feldstärke" oder die „Intensität des Feldes". Sie soll fortan mit $\mathfrak{B}$ bezeichnet werden.

Denkt man sich nun eine magnetische Masseneinheit auf einen kleinen materiellen Körper gebracht und diesen an einen beliebigen

---

[1]) Im „absoluten" Maasssystem, welches als Grundeinheiten das Centimeter, das Gramm und die Sekunde benutzt, versteht man unter der Einheit der mechanischen Kraft diejenige, welche der materiellen Masse von 1 g in 1 Sekunde die Beschleunigung von 1 cm ertheilt, während die technische Einheit der Kraft, 1 g, den Gravitations-Druck derselben Masse auf ihre Unterlage oder die auf diese Masse wirkende Erdkraft bedeutet. Die letztere giebt aber pro Sekunde eine Beschleunigung von 9,806 m = 980,6 cm und ist daher 980,6 mal so gross als die absolute Krafteinheit.

Ort des magnetischen Feldes gelegt, so wird er unter dem Einflusse
der Kraft des letzteren in bestimmter Richtung bewegt werden. Die
Linie, welche er dabei verfolgt, ist natürlich eine gerade, wenn das
Feld von einem einzigen Pole gebildet wird; unter dem Einflusse
mehrerer anziehenden und abstossenden Pole aber wird sie im Allgemeinen zu einer Curve; man bezeichnet eine solche als eine Kraftlinie. Da nun an jeder Stelle eines Magnetfeldes eine Kraft wirksam
ist, so muss man durch jeden Punkt desselben eine Kraftlinie legen
können. Wird dies zeichnerisch für sehr viele Punkte durchgeführt, so
erhält man ein vortreffliches Bild von dem magnetischen Zustand des
Feldes. Dieses Bild kann aber auch experimentell in sehr einfacher
Weise gewonnen werden, indem man Eisenfeilspähne auf eine über den

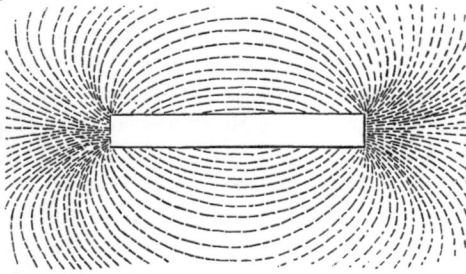

Fig. 2.

Magnet gelegte Platte streut. Wie sich die Nadel des Compass längs
der magnetischen Kraft der Erde einstellt, so wird sich hier jedes
Eisentheilchen in die Richtung der Kraft des Feldes legen.

In Fig. 2 ist das magnetische Feld eines geraden Stabmagnets
in der geschilderten Weise dargestellt. Jede der darin gezeichneten
Kraftlinien giebt also die Bahn an, welche jene positive magnetische
Masseneinheit verfolgte, wenn sie auf einen Punkt des Feldes gelegt
würde, durch den die betreffende Linie hindurchgeht. Legte man
jene Masse auf den Nordpol des Magnets, von dem sie abgestossen
wird, so würde sie unter dem Einflusse dieser Abstossung und der
Anziehung des Südpoles eine Kraftlinie so lange durchwandern, bis
sie in den Südpol einträte. Die dadurch gekennzeichnete Richtung
des Weges kann man als die positive Richtung der Kraftlinien bezeichnen; denn eine negative magnetische Masse würde natürlich
den umgekehrten Weg zurücklegen. Man nennt sie wohl auch die
Richtung der Kraftlinien schlechthin und sagt, dass diese Linien

aus dem Nordpol eines Magnets aus- und in den Südpol wieder
eintreten. Von dem Wege innerhalb der Magnete selbst soll erst
später die Rede sein.

Fig. 2 ist noch einer weiteren Deutung fähig auf Grund der
Beobachtung, dass die Kraftlinien derselben in der Nähe der Pole
am dichtesten neben einander liegen, in weiterer Entfernung aber
weniger dicht verlaufen. Bei der Herstellung des Bildes durch das
Niederstreuen von Eisenfeilspähnen erklärt sich dies einfach dadurch,
dass die Pole die fallenden Spähnchen am stärksten anziehen und
daher in ihrer Nähe am dichtesten ablagern. In Fig. 2 giebt also
die Dichte der Kraftlinien einen Ueberblick über die relative Grösse
der Feldstärke in jeder Entfernung von den Polen.

Der Werth dieser ausserordentlich einfachen Darstellungsweise
liesse sich noch wesentlich erhöhen, wenn man durch die Kraftliniendichte nicht nur die relative Grösse der magnetischen Kräfte,
sondern auch die absolute angeben könnte. Solange man Eisenfeilspähne für die Herstellung der Figuren benutzt, ist dies natürlich
nicht möglich, da hier die Dichte der Kraftlinien einfach von der
Zahl der Spähnchen abhängt, die man ausstreut. Bei der graphischen
Darstellung eines bekannten Feldes kann man dagegen die zu zeich-
nenden Kraftlinien willkürlich so dicht an einander legen, dass diese
Dichte, nach bestimmten Regeln gewählt, die Grösse der Feld-
intensität direkt angiebt. Nach der heutigen allgemeinen Konvention
hat man in einem räumlichen Felde überall pro qcm eine senkrecht
zur Richtung der Kraftlinien gedachten Fläche so viele Kraftlinien
zu zeichnen, wie Dynen magnetischer Kraft auf eine magnetische
Masseneinheit wirken würden. Auf diese Weise dargestellt giebt
also die Kraftliniendichte pro qcm direkt die Feldstärke an.

Der obige Gedankengang bringt in Gestalt der Kraftliniendichte
einen für den mechanisch geschulten Verstand ungewohnten Begriff
in die weiteren Betrachtungen hinein, während die magnetische Kraft
oder Feldstärke auf dem gewohnten Boden der exakten Mechanik
bleibt. Im Folgenden soll der neue Begriff deshalb nur dann
gebraucht werden, wenn er aus anderen Gründen eine einfachere Auffassung der Dinge möglich macht. Für solche Fälle möge sich der
Leser die einfache Brücke vor Augen halten, welche die beiden
Begriffe mit einander verbindet: dass eine bestimmte Zahl z. B. von
𝔅 Kraftlinien pro qcm nichts Anderes bedeutet als 𝔅 Dynen pro
magnetische Masseneinheit. Auch folgender Vergleich kann vielleicht

dazu dienen, die beiden Begriffe mechanischen Vorstellungsformen
näher zu bringen: Denkt man sich nämlich die Masseneinheit etwa
wie Farbe mit einem Pinsel auf das qcm aufgetragen, so würde
diese Fläche ebenfalls eine Kraft von $\mathfrak{B}$ Dynen erfahren. Die Kraftliniendichte oder die Feldstärke kann darnach in Analogie mit dem
bekannten mechanischen Begriff als ein „magnetischer Flächendruck"
betrachtet werden, welcher auf ein mit der magnetischen Masse 1
bedecktes qcm wirkt.

    Das Bild des Kraftlinienverlaufes in Fig. 2 ändert sich sofort,
wenn in die Nähe des Magnets ein zunächst unmagnetisches Stück
Eisen gebracht wird (Fig. 3). Dieses Eisenstück wird bekanntlich

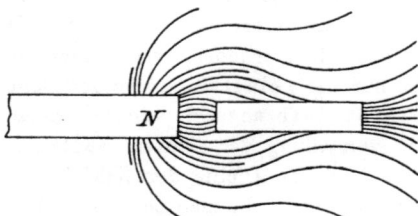

Fig. 3.

von dem Magnet angezogen. Eine Anziehung ist aber nur möglich,
wenn es selbst vorher magnetisch geworden ist, denn ein Magnet
kann auf einen anderen unmagnetischen Körper nicht wirken. Liegt
das Eisenstück in der Nähe des Nordpols des Magnets, so wird in
demjenigen Ende, welches diesem Pole zugewandt ist, ein Südpol und
in dem abgewandten ein Nordpol entstehen; denn der Südpol muss
dem Magnet näher liegen, damit die auf ihn wirkende Anziehung
die Abstossung des Nordpols überwiegt. Wird jetzt eine positive
magnetische Masseneinheit z w i s c h e n Magnet und Eisenstück gelegt,
so wirkt darauf von links her (Fig. 3) abstossend die Kraft eines
Nordpoles und von rechts her anziehend die Kraft eines Südpoles,
also muss die Gesammtkraft grösser sein, als wenn nur der Magnet,
nicht aber das Eisenstück vorhanden wäre. Die Kraft wird ferner
um so grösser werden, je näher der Einheitspol dem Magnet oder dem
Eisenstück kommt. Kurz die vom Magnet ausgehenden Kraftlinien
werden sich auf dem Wege zum Eisenstück weniger weit ausbreiten
als vorher, in der Nähe desselben aber sich besonders stark zu-
sammenziehen und mit grosser Dichte dort eintreten. Es entspricht

dem Bilde des Kraftlinienverlaufes in Fig. 3, wenn gesagt wird, dass
weiches Eisen die Kraftlinien eines Magnetfeldes in sich ein-
saugt.

Für die Elektromotoren- und Dynamomaschinen - Technik sind
indess nicht stabförmige, sondern Hufeisen-Magnete mit cylindrisch-
ausgebohrten Polen von Wichtigkeit. Den Verlauf der Kraftlinien,
welche ein so gestalteter Magnet aussendet, zeigt Fig. 4. Die Linien
gehen hier grösstentheils direkt und geradlinig von Pol zu Pol über,
in der Nähe der Kanten aber auf Umwegen. Einige wenige treten
sogar garnicht aus den Polen, sondern aus den Schenkeln aus; doch
sind diese in der Figur nicht dargestellt, da ihre Zahl bei guten
Magnetgestellen nur sehr gering ist. Jede der zwischen den Polen

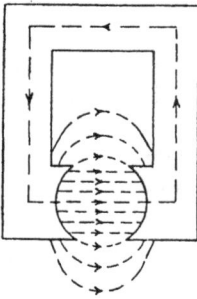 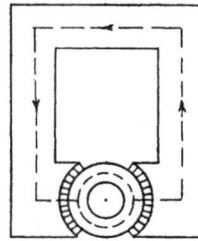

Fig. 4.   Fig. 5.

gezeichneten Kraftlinien setzt sich im Innern des Magnets zu einer
geschlossenen Kurve fort, wie in Fig. 4 und 5 durch je eine Linie
angedeutet ist. Der Kraftlinienverlauf im Eisen selbst soll indessen
erst weiter unten (S. 20) besprochen werden. Vorläufig soll nur von
demjenigen Abschnitt der Kraftlinien die Rede sein, welcher die
Luftstrecke von Pol zu Pol überbrückt.

Die Ausbreitung der Kraftlinien ausserhalb des cylindrischen
Raumes zwischen den Polschuhen kann man vermeiden, wenn man
einen eisernen „Anker", bestehend aus einem cylindrischen Ring
zwischen den Polen anbringt. Der einsaugenden Wirkung dieses
Eisenstückes gehorchend, treten die Kraftlinien jetzt von dem Nordpol aus mit wenigen Ausnahmen radial in den Anker ein, durchlaufen
ihn und gehen dann symmetrisch aus dem Anker zum Südpol über
(Fig. 5). Auch jetzt noch benutzen freilich einige Linien den Weg

durch den Anker nicht, sondern gehen ausserhalb desselben von Pol zu Pol oder aber von einem Magnetschenkel zum andern in ähnlicher Weise wie in Fig. 4. Diese Linien sind in Fig. 5 nicht mehr dargestellt; sie werden als Streulinien bezeichnet, und die ihnen zu Grunde liegende Erscheinung heisst: magnetische Streuung. Es möge schon hier hervorgehoben werden, dass es im Interesse des leichten Baues und ökonomischen Betriebes von Elektromotoren und Dynamos wichtig ist, möglichst alle Kraftlinien in den Anker hineinzuziehen und den Zwischenraum zwischen Polen und Anker möglichst dicht mit Kraftlinien zu füllen.

Um zu kontrolliren, in welchem Maasse dies bei fertigen Maschinen erreicht ist, sind einfache Methoden auszubilden, welche es ermöglichen, die Vertheilung der magnetischen Kraft $\mathfrak{B}$ in jenem Zwischenraum ohne viel Zeitaufwand experimentell festzustellen.

Wissenschaftlich völlig exakte Verfahren für diesen Zweck sind bekannt; sie sind indess in der Ausführung sehr umständlich und ohne tieferes Eingehen in die Elektricitätslehre theoretisch nicht abzuleiten. Da aber die oben gegebene abstrakte Definition von $\mathfrak{B}$ erst Leben gewinnt, wenn auch eine Methode zur Bestimmung dieser Grösse gegeben wird, so möge hier ein Messverfahren geschildert werden, das zwar nicht zu den genauesten gehört, aber die Feststellung von $\mathfrak{B}$ in dem Luftzwischenraum zwischen Magnetpolen und Anker in einfachster Weise möglich macht.

Es ist eine experimentell erwiesene Thatsache, dass das Metall Wismuth die Eigenschaft hat, seinen elektrischen Widerstand im magnetischen Felde zu verändern, und zwar um so mehr zu steigern, je stärker dieses Feld ist. Die Grösse der Zunahme ist durch genaue Messung mit Hilfe anderer Messmethoden festgestellt worden. Bedeutet w den Widerstand eines Wismuthdrahtes im magnetischen Felde von der Stärke $\mathfrak{B}$, und w_0 den Widerstand ausserhalb desselben, so stellt Fig. 6 die relative Vergrösserung $\frac{w - w_0}{w_0}$ als Funktion von $\mathfrak{B}$ für eine Wismuthsorte dar, ermöglicht also, $\mathfrak{B}$ aus einfachen Widerstandsmessungen von w und w_0 zu bestimmen. Der Wismuthdraht wird gewöhnlich in Form einer flachen Spirale mit etwa $1^{1}/_{2}$ qcm Oberfläche angewandt und mit seinen beiden Enden an zwei langen Stielen aus anderem Metall befestigt, welche die Stromzuführung besorgen. Bei dieser Konstruktion kann der Draht leicht an jede Stelle des Magnetfeldes geführt werden.

Bei Elektromotoren und Dynamo-Maschinen wird die Magnetisirung des Eisengestelles bekanntlich stets durch Spulen hergestellt,
welche über die Schenkel geschoben und beim Betriebe der Maschine
mit Strom gespeist werden. Dieses Verfahren hat insbesondere bei
Motoren gegenüber der Anwendung permanenter Magnete den Vorzug, dass die Magnetisirung mit grösserer Sicherheit aufrecht erhalten und die Tourenzahl durch eine geringe Veränderung von $\mathfrak{B}$
leicht regulirt werden kann. Bei Dynamos kann man mit dem
gleichen Mittel die Spannung in einfachster Weise regeln. Eine
Kenntniss der Grundgesetze der Magnetisirung des Eisens durch
elektrische Ströme ist daher für die Berechnung und für das Verständniss der Betriebseigenschaften von Elektromotoren von grösster
Wichtigkeit. Im Folgenden sollen diese Gesetze kurz dargestellt
werden.

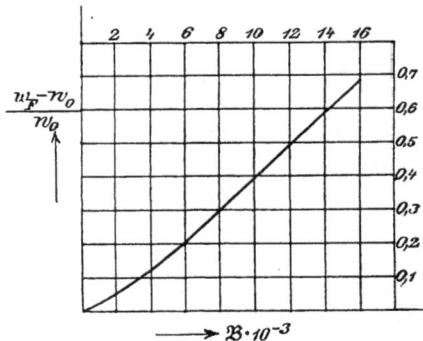

Fig. 6.

Die Betrachtungen mögen ausgehen von einem geraden Stab,
(Fig. 2) welcher über seine ganze Länge mit einer Spule umwickelt
sei. Besteht dieser Stab aus Eisen, so kann er magnetisirt werden,
indem Strom durch die Wickelung geschickt wird. Der auf diese Art
erzeugte Elektromagnet wirkt dann genau in derselben Weise ablenkend
auf eine benachbarte Magnetnadel wie der permanente Magnet, dessen
Fernwirkungen am Eingang dieses Abschnittes besprochen wurden.
Die Richtung der Magnetisirung hängt von der Richtung ab, in
welcher der Strom den Stab umfliesst. Es entsteht ein Südpol an
demjenigen Ende, auf welches ein Beschauer des Stabes blicken
muss, um den Strom im Sinne des Uhrzeigers fliessen zu sehen, am
anderen aber entsteht ein Nordpol. Da andererseits die Kraftlinien

2*

immer aus dem Nordpol austreten, so kann die Regel auch in der Form gegeben werden, dass der Beschauer in die Richtung der erzeugten Kraftlinien blickt, wenn er so vor dem Stabe steht, dass er den Strom im Sinne des Uhrzeigers fliessen sieht.

Wenn die stromdurchflossene Spule im Stande ist, den Eisenkern zu magnetisiren, so ist anzunehmen, dass ihr selbst eine magnetische Kraft innewohnt. Diese Schlussfolgerung bestätigt sich durch die Erfahrung, wenn man den Eisenkern aus der Spule entfernt. In diesem Falle bringt auch die Spule allein eine Ablenkung der Magnetnadel hervor; ihre Wirkung ist aber schwächer, als wenn sie den Eisenstab noch enthielte.

Bei der gleichen Natur der beiden Phänomene wird man offenbar das Magnetfeld einer Spule in derselben Weise wie das Feld eines wirklichen Magnets darstellen können durch Kraftlinienbilder oder durch die Angabe der Anzahl Dynen, welche irgendwo auf einen Einheitspol wirken würden. An diese Thatsache aber lässt sich für den Kraftlinienverlauf innerhalb der Magnete eine sehr interessante und wichtige Schlussfolgerung knüpfen.

Bei den früheren Betrachtungen an der Hand der Figuren 2—5 ist nämlich stillschweigend die Voraussetzung gemacht worden, dass nur ausserhalb der Magnete Kräfte wirken. Denkt man sich jetzt aber einen Eisenkern, wie z. B. den in Fig 2 dargestellten, durch eine Spule ersetzt, so erkennt man, dass auch in seinem Innern Kräfte wirken müssen. Für die Spule ist dies selbstverständlich, denn wenn diese oder die Gesammtheit ihrer Windungen Kräfte nach aussen ausübt, so muss jede einzelne Windung solche Kräfte erzeugen; die Kräfte einer jeden Windung werden aber in deren Nähe am grössten sein, und so werden gerade im Innern der Spule die stärksten Kräfte auftreten und daher die Kraftlinien am dichtesten gezeichnet werden müssen. In analoger Weise ist nun auch bei dem Eisenstabe, wie die genaue Theorie lehrt, das in Fig. 2 gegebene Bild der äusseren Kraftlinien durch ein im Innern des Kernes parallel zur Axe liegendes dichtes Kraftlinienbüschel zu ergänzen, und es bleibt nur noch die Frage zu beantworten, wie beide Kraftliniensystem in einander übergehen.

Betrachtet man zu diesem Zwecke zunächst wieder die Spule und denkt man sich eine magnetische Masseneinheit im Innern unter dem Einflusse der dort herrschenden Kraft bis an das Spulenende bewegt, so wird die Masse, dort angekommen, die Bewegung

nach aussen einfach fortsetzen müssen. Eine Unstetigkeit der Kraft
und der Bewegung am Ende der Spule würde der Natur der Sache
wiedersprechen, denn der Einheitspol befindet sich sowohl innerhalb wie ausserhalb der Spule im Wirkungsbereiche ihrer einzelnen
Windungen. Wenn sich aber die Bahn der Bewegung ausserhalb
unmittelbar an die innerhalb liegende Bahn anschliesst, so bedeutet
dies, dass die innen und aussen gelegenen Kraftlinien unmittelbar in
einander übergehen. Das dichte Kraftlinienbündel, welches im Innern
der Spule vorhanden ist, breitet sich beim Austritt aus der Spule büschel-
förmig (Fig 2) aus, und alle Kraftlinien treten am anderen Ende der
Spule wieder ein. Jede Kraftlinie ist also in sich geschlossen.

Der Kraftlinienverlauf, welcher soeben für die Spule allein ent-
worfen wurde, bleibt auch bestehen, wenn Eisen in der Spule vorhanden ist. Die Verstärkung der Kraftwirkung auf eine in der
Nachbarschaft befindliche Magnetnadel bedeutet nur, dass die Kraftlinien durch das Vorhandensein des Eisens jetzt aussen und mit
Rücksicht auf ihre Kontinuität auch innen dichter verlaufen.

In reinster Form kann man die Vorgänge der Magnetisirung
natürlich studiren, wenn man die Eisenkörper so gestaltet, dass die
Kraftlinien überhaupt nicht in Luft überzutreten brauchen. Diese
Forderung wird z. B. erfüllt, wenn man einen in sich geschlossenen
Eisenring mit Windungen gleichmässig dicht umwickelt. In solchem
Ringe verlaufen die Kraftlinien einfach in koncentrischen Kreisen
und der Vorgang der Magnetisirung ist folgender:

Die ringförmige Drahtspule besitzt eine magnetisirende Kraft,
d. h. sie erzeugt ein magnetisches Feld von bestimmter Intensität,
oder koncentrische Kraftlinien von bestimmter Dichte, auch wenn
sie nicht um einen Eisenring, sondern z. B. um einen Holzring gewickelt oder ganz hohl ist. Ein Einheitspol, in den Hohlraum gebracht, würde also eine Kraftwirkung erfahren. Diese Kraft heisst
die magnetisirende Kraft ($\mathfrak{H}$) der Spule, denn sie bildet die Ursache
der Magnetisirung, welche man erhält, wenn man den Hohlraum mit
Eisen anfüllt. Ist Eisen in der Spule, so nimmt man wahr, dass
die magnetische Kraft im Innern grösser ist, als sie ursprünglich in
der hohlen Spule war. Die gewonnene Kraft heisst „magnetische
Induktion". $\mathfrak{H}$ sowohl wie $\mathfrak{B}$ werden, wie alle magnetischen Kräfte,
in Dynen gemessen. Das Verhältniss $\mathfrak{B} : \mathfrak{H} = \mu$ giebt einen Maassstab für die Leichtigkeit, mit welcher sich verschiedene Eisensorten
magnetisiren lassen, und wird: „Permeabilität" genannt.

Der Werth von $\mathfrak{B}$, welcher bei verschiedenen magnetisirenden Kräften im Eisen auftritt, hängt ab von der chemischen und mechanischen Beschaffenheit desselben. Die Kurve, welche $\mathfrak{B}$ als Funktion von $\mathfrak{H}$ darstellt, wird als die Magnetisirungskurve bezeichnet. Sie muss für jede Eisensorte durch das Experiment besonders bestimmt werden und hat sich mathematisch bisher noch nicht ausdrücken lassen. Bei gutem weichen Schmiedeisen ist ihr Verlauf etwa folgender:

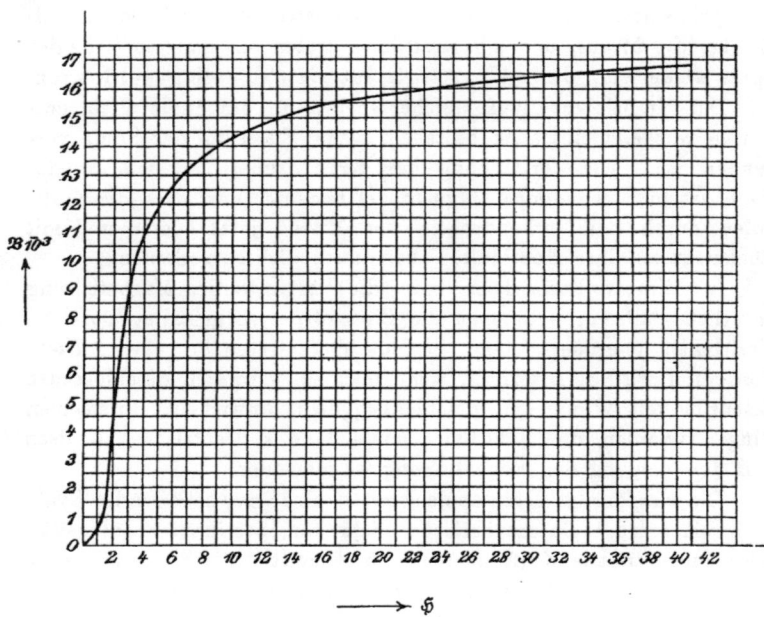

Fig. 7.

Wenn man (Fig. 7) vom unmagnetischen Zustande, wo $\mathfrak{H}=0$ und $\mathfrak{B}=0$ ist, beginnend, $\mathfrak{H}$ langsam steigert, so steigt zunächst auch $\mathfrak{B}$ langsam an. Bei einem gewissen Werth von $\mathfrak{H}$, der ungefähr 1 Dyne beträgt, wird die Zunahme von $\mathfrak{B}$ bei gleichmässig steigendem $\mathfrak{H}$ plötzlich viel stärker. Während $\mathfrak{B}$ bis jetzt nur den Werth von etwa 600 Dynen erreicht hat, steigt es in dem Intervall von $\mathfrak{H}=1$ bis $\mathfrak{H}=5$ auf etwa 12 000 an. In diesem Theile verläuft die Magnetisirungskurve zunächst fast geradlinig und sehr steil und biegt sich dann knieförmig um. Bei $\mathfrak{H}=7$ hat das Knie die stärkste

Krümmung. Diese hält an bis etwa $\mathfrak{H} = 16$, wo $\mathfrak{B}$ rd. $= 15\,500$ ist. Hinter $\mathfrak{H} = 16$ steigt $\mathfrak{B}$ nur noch sehr langsam an, ohne dass freilich ein Maximalwerth erreicht wird. Bis $\mathfrak{H} = 1300$ ist die Zunahme von $\mathfrak{B}$ noch etwas grösser als die von $\mathfrak{H}$. Von hier an aber verstärkt das Eisen das Feld nicht mehr, sondern $\mathfrak{B}$ nimmt nur noch in demselben Maasse zu wie $\mathfrak{H}$. Man spricht deshalb von einer magnetischen Sättigung des Eisens in diesem Bereich.

Die Magnetisirungskurven für andere Eisen- und Stahlsorten verlaufen zwar im Einzelnen verschieden und werden wesentlich durch kleine Aenderungen der chemischen Zusammensetzung, der Härte etc. beeinflusst, haben aber alle denselben allgemeinen Charakter.

Technisch wichtig ist nun weniger der Zusammenhang zwischen $\mathfrak{B}$ und $\mathfrak{H}$, welcher die Natur des Magnetisirungsvorganges wissenschaftlich am einfachsten darstellt, als die Beziehung zwischen $\mathfrak{B}$ und der Windungszahl und Stromstärke der Spule, von welcher $\mathfrak{B}$ erzeugt werden soll. Beim Elektromotoren- und Dynamomaschinenbau liegt die Aufgabe vor, im Luftzwischenraum zwischen den Magnetpolen und dem Anker eine bestimmte Kraftlinienzahl herzustellen und die Magnetisirungsspulen entsprechend zu berechnen. Um diese Aufgabe zu lösen, muss also der Kraftlinienverlauf der bei elektrischen Maschinen vorkommenden Magnetformen noch näher besprochen werden.

Die einfachste Magnetform bildet das Hufeisen, welches aus zwei parallelen Schenkeln mit je einem Pole und einem beide Schenkel verbindenden Joche besteht. Die Kraftlinien verlaufen hier geschlossen durch Joch, Schenkel, Pole und den zwischen den Polen liegenden Anker hindurch, wie in Fig. 4 und 5 schematisch durch je eine Linie angedeutet ist. Das ganze System besteht also aus einem Bündel in einander liegender geschlossener Kraftlinien, welche man als einen „magnetischen Kreis" zu bezeichnen pflegt.

Der Kraftlinienverlauf in zweipoligen Magnetgestellen mit dem sogenannten „mehrfachen Schluss" oder in mehrpoligen Magnetgestellen ergiebt sich leicht, wenn man diese Magnetformen als Kombination mehrerer einfacher Hufeisenmagnete betrachtet. So lässt sich das in Fig. 8 gezeichnete Gestell auffassen als eine Vereinigung zweier auf einander liegender einfacher Magnete, und das vierpolige Gestell in Fig. 9 würde aus vier an einander gelegten Hufeisenmagneten mit radial liegenden Trennungsflächen bestehen. Der gesammte Verlauf der Kraftlinien ergiebt sich bei dieser Auffassung sogleich, wenn man bedenkt, dass jeder der einzelnen Hufeisenmagnete mit dem gegenüberliegenden Ankerstück und Luftraum einen magnetischen Kreis bildet. In Fig. 8 sind also zwei, und in Fig. 9 vier solcher Kreise vorhanden, wie durch gestrichelte Linien angedeutet ist. Wird die totale Kraftlinienzahl, welche aus einem Pole austritt, mit N und die Kraftlinienzahl eines magnetischen Kreises mit N' bezeichnet, so ist also in Fig. 4 und 5 $N = N'$ und in Fig. 8 und 9 $N = 2N'$. Die Aufgabe, Pole von bestimmter Stärke zu bilden, kann also auch so aufgefasst werden, dass magnetische Kreise von bestimmter Kraftlinienzahl durch passende Bewickelung der Magnetschenkel erzeugt werden sollen.

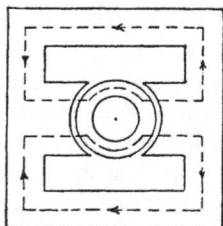 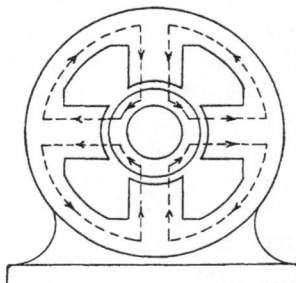

Fig. 8.   Fig. 9.

Um die weiteren wissenschaftlichen Grundlagen für die Lösung dieser Aufgabe darzulegen, mögen die mittleren Längen der Kraftlinien in den einzelnen Stücken der magnetischen Kreise mit l und die Querschnitte mit s bezeichnet werden; zur Unterscheidung der Stücke unter einander werde ferner der Index A für den Anker, L für den Luftzwischenraum, S für die Schenkel und J für das Joch angefügt. Da der magnetische Kraftfluss kontinuirlich, also die gesammte Kraftlinienzahl N' überall gleich ist, so erhält man zunächst die Kraftliniendichten pro qcm in den einzelnen Stücken durch die Formeln:

$$\mathfrak{B}_A = \frac{N'}{s_A}, \quad \mathfrak{B}_L = \frac{N'}{s_L}, \quad \mathfrak{B}_S = \frac{N'}{s_S}, \quad \mathfrak{B}_J = \frac{N'}{s_J}.$$

Wegen der Verschiedenheit der Querschnitte sind die Werthe von $\mathfrak{B}$ naturgemäss von einander verschieden. Sind die Magnetisirungskurven der einzelnen Materialien bekannt, so erhält man unter Benutzung derselben aus den magnetischen Induktionen $\mathfrak{B}$ die magnetisirenden Kräfte $\mathfrak{H}_A$, $\mathfrak{H}_L$, $\mathfrak{H}_S$, $\mathfrak{H}_J$, welche für die einzelnen Stücke aufzuwenden sind.

Unter Benutzung dieser Werthe als Ausgang berechnet man die auf die Magnetschenkel zu schiebenden Spulen, welche den Kraftstrom N' herstellen sollen, mit Hülfe eines einfachen Gesetzes, dessen Beweis an dieser Stelle zu weit führen würde. Die Grösse der gesammten Arbeit P, welche von der magnetischen Kraft der Spule auf eine magnetische Masseneinheit übertragen wird, wenn diese über die ganze Länge einer in sich geschlossenen Kraftlinie einmal rings herum bewegt wird, ist nämlich unabhängig von der Form der Spule und der Gestalt und Länge der Kraftlinien und nur bestimmt durch die Zahl der Windungen n, aus denen die Spule besteht, und der Stromstärke J, von der sie durchflossen wird. Unter der alleinigen Voraussetzung, dass jede Kraftlinie alle Windungsebenen der Spule schneidet, oder mit dieser „n-fach verkettet" ist, hat P den Werth

$$P = 0{,}4\,\pi\,n\,J.$$

Wegen der Analogie der obigen Definition von P mit der früher gegebenen des Begriffes der elektromotorischen Kraft, welche die Arbeit einer elektrischen Masseneinheit beim Durchfliessen eines elektrischen Stromkreises bedeutete, wird P auch als die „magnetomotorische Kraft" der Spulen bezeichnet.

Dieser Satz wird in folgender Weise für die vorliegende Aufgabe verwerthet: Die Arbeit P kann man auch ausdrücken aus den magnetisirenden Kräften $\mathfrak{H}$, welche die Spule in den einzelnen Stücken l des magnetischen Kreises herstellen muss, damit der gesammte Kraftstrom N' entsteht. Da $\mathfrak{H}$ nichts anderes als die magnetische Kraft der Spule auf einen Einheitspol bedeutete, so wird $\mathfrak{H}\,l$ der Antheil eines Stückes l an der gesammten Arbeit P der Spule, und diese Gesammtarbeit wird

$$P = \mathfrak{H}_A\,l_A + \mathfrak{H}_L\,l_L + \mathfrak{H}_S\,l_S + \mathfrak{H}_J\,l_J = 0{,}4\,\pi\,n\,J. \qquad . \quad (10)$$

Da die Berechnung von $\mathfrak{H}_A$, $\mathfrak{H}_L$, $\mathfrak{H}_S$ und $\mathfrak{H}_J$ bereits oben angegeben ist, so gestattet diese Gleichung, nJ zu bestimmen. Wird $\mathfrak{H}$ wie üblich, in Dynen und l in cm ausgedrückt, so ergiebt sich J in Ampère.

Genauer genommen gilt diese Berechnung aber nur für ein unendlich dünnes Kraftlinienbündel, da nur für ein solches die Längen l eindeutige Begriffe sind. Bei endlichen Dimensionen müsste der ganze magnetische Kraftstrom N' in einzelne sehr dünne Fäden zerlegt, für jeden einzelnen Faden P berechnet und aus den einzelnen Werthen das Mittel genommen werden. Statt dessen genügt es aber, nach Fig. 4, 5, 8 und 9 eine mittlere Kraftlinie zu zeichnen und für diese allein P zu bestimmen.

Gl. 10 giebt also als Endresultat ein Produkt aus der Windungszahl n und der in Ampère gemessenen Stromstärke J der Spule. $n\,J$ wird als die Anzahl der Ampèrewindungen bezeichnet. Die Thatsache, dass $n\,J$ und nicht n oder J allein für die Magnetisirung maassgebend sind, zeigt, dass man beliebige Magnetisirungen mit Spulen von wenigen Windungen und starken Strömen oder von vielen Windungen und geringen Strömen herstellen kann. Um mit möglichst wenig Ampèrewindungen ein verlangtes N zu erzeugen, muss man die Querschnitte s möglichst gross und die Längen l möglichst klein machen, also möglichst gedrängte Magnetformen benutzen. Diese Erkenntniss hat im Dynamomaschinenbau historische Bedeutung, denn die älteren Maschinen, insbesondere die Edisonschen ersten Glühlichtmaschinen, hatten sehr lange und sehr dünne Schenkel.

Um die Berechnung von $n\,J$ möglichst zu vereinfachen, pflegt man Gl. 10 in der Form zu schreiben:

$$\frac{\mathfrak{H}_A}{0,4\,\pi}\,l_A + \frac{\mathfrak{H}_L}{0,4\,\pi}\,l_L + \frac{\mathfrak{H}_s}{0,4\,\pi}\,l_s + \frac{\mathfrak{H}_J}{0,4\,\pi}\,l_J = n\,J. \quad . \quad . \quad (11)$$

und als die Magnetisirungskurve einer Eisensorte nicht $\mathfrak{B}$ als Funktion von $\mathfrak{H}$, sondern von $\dfrac{\mathfrak{H}}{0,4\,\pi}$ aufzutragen. Nach Gl. 11 kann man $\dfrac{\mathfrak{H}}{0,4\,\pi}$ als die Ampèrewindungszahl pro cm des mittleren Umfanges bezeichnen. Im Folgenden soll dafür der Buchstabe Z benutzt werden.

In Fig. 10 sind diese Kurven für Gusseisen, Flusseisen, Schmiedeisenstücke mit grösseren Querschnitten und für schmiedeisernes Ankerblech dargestellt[1]). Je zwei Kurven tragen dabei dieselbe Bezeichnung und bilden Theile einer einzigen Kurve derart, dass für die untere der unten angegebene und für die obere der oben angegebene Abscissenmaassstab gilt. Man erkennt, dass die Magnetisirbarkeit von Gusseisen weit geringer ist als die aller übrigen Eisensorten, während Flusseisen leichter magnetisirt werden kann als selbst

---

[1]) Entnommen aus Kapp, Dynamomaschinen 3. Aufl., S. 172.

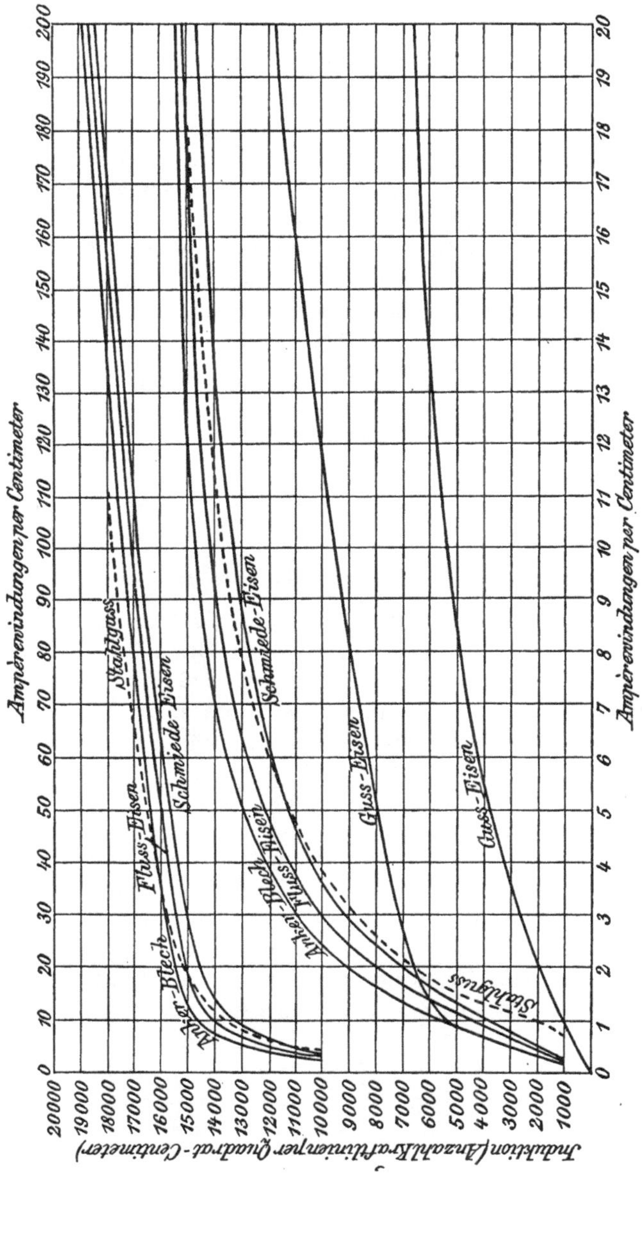
Amperewindungen per Centimeter
0
10
20
30
40
50
60
70
80
90
100
110
120
130
140
150
160
170
180
190
200
Stahlguss
Fluss-Eisen
Schmiede-Eisen
Anker-Blech
Anker-Blech Fluss-Eisen
Schmiede-Eisen
Guss-Eisen
Guss-Eisen
Stahlguss
Amperewindungen per Centimeter
0
1
2
3
4
5
6
7
8
9
10
11
12
13
14
15
16
17
18
19
20
20000
19000
18000
17000
16000
15000
14000
13000
12000
11000
10000
9000
8000
7000
6000
5000
4000
3000
2000
1000
Induktion (Anzahl Kraftlinien per Quadrat-Centimeter)

Fig. 10.

Schmiedeisen. Um eine bestimmte Kraftlinienzahl bei gleicher magnetomotorischer Kraft zum Anker zu führen, bedarf es bei Gusseisen daher weit grösserer Querschnitte. Die neuerdings sehr vielfach verwendeten Stahlguss-Magnetgestelle leisten bei etwa halbem Gewicht magnetisch dasselbe wie die gusseisernen und sind in Betrieben, wo es auf geringeren Raumbedarf und auf Leichtigkeit ankommt, wie z. B. bei elektrischen Bahnen, allein am Platze. In anderen Fällen kann der Preis entscheidend sein.

Man kann das in Gl. 10 zum Ausdruck kommende Gesetz in eine interessante äussere Analogie bringen mit dem Ohm'schen Gesetz, wenn man den Begriff der magnetischen Permeabilität μ einer Eisensorte nach der schon früher gegebenen Definitionsgleichung $\mu = \mathfrak{B} : \mathfrak{H}$ benutzt. Gl. 10 kann man nämlich, wenn $\dfrac{\mathfrak{B}}{\mu}$ statt $\mathfrak{H}$ und $\dfrac{N'}{s}$ statt $\mathfrak{B}$ gesetzt wird, auf die Form bringen:

$$N'\left(\frac{1}{\mu_A}\,\frac{l_A}{s_A} + \frac{1}{\mu_L}\,\frac{l_L}{s_L} + \frac{1}{\mu_S}\,\frac{l_S}{s_S} + \frac{1}{\mu_J}\,\frac{l_J}{s_J}\right) = 0,4\,\pi\,n\,J. \quad (12)$$

Die Ausdrücke $\dfrac{1}{\mu}\,\dfrac{l}{s}$ in der Klammer sind genau von der Form des Definitionsausdruckes für den elektrischen Widerstand (Gl. 2 S. 2). Denn im Zähler findet sich die Länge, im Nenner der Querschnitt des betrachteten Körpers, und μ als Permeabilität oder magnetische Durchlässigkeit des Eisens steht in begrifflicher Analogie mit der Leitungsfähigkeit λ gegenüber dem elektrischen Strom. Man pflegt deshalb auch $\dfrac{1}{\mu}\,\dfrac{l}{s}$ als den magnetischen Widerstand zu bezeichnen.

Gl. 12 besagt darnach, dass die magnetomotorische Kraft eines magnetischen Kreises gleich ist dem Produkte aus dem gesammten magnetischen Widerstande desselben und dem gesammten magnetischen Kraftfluss N'. Die äussere Analogie dieses Satzes mit dem Ohm'schen Gesetze für elektrische Ströme ist offenbar. Innerlich besteht aber darin eine grosse Verschiedenheit, dass die specifische elektrische Leitungsfähigkeit λ konstant ist, während sich die magnetische Permeabilität $\mu = \mathfrak{B} : \mathfrak{H}$ mit der Grösse von $\mathfrak{B}$ und $\mathfrak{H}$, entsprechend Fig. 7 verändert. Während der wesentliche Inhalt des Ohm'schen Gesetzes in der Feststellung besteht, dass E.M.K. und Stromstärke in ein und demselben Stromkreise im konstanten Verhältniss $w = E : J$ stehen, ist das entsprechende Verhältniss beim magnetischen Kreise mit dem Sättigungsgrade veränderlich. Eine völlige Uebereinstimmung in den Gesetzen der elektrischen und magnetischen Vorgänge ist schon deswegen nicht zu erwarten, weil diese ihrer Natur nach ganz verschieden sind. Während die elektrische Strömung ein dynamischer Vorgang ist, ist die Magnetisirung ein statischer Zustand. Während die Unterhaltung des elektrischen Stromes Arbeit kostet, verbraucht diejenige der einmal hergestellten Magnetisirung keine Arbeit. Bei Elektromagneten ist die Magnetisirung natürlich an den Strom in den Spulen gebunden, und für die Unterhaltung des letzteren, nicht aber der Magnetisirung selbst ist die Arbeit aufzuwenden, welche früher (S. 10) durch Gl. 6 bestimmt wurde.

An diese Erklärungen schliessen sich zweckmässig einige Bemerkungen über das Entstehen und Vergehen der Magnetisirung an, weil die Begleiterscheinungen dieser Vorgänge für die Technik von Wichtigkeit sind. Da die Magnetisirung als eine Anhäufung potentieller Energie aufzufassen ist, aus deren Vorrath in jedem Augenblick auf magnetische Massen Bewegung, also Arbeit übertragen werden kann, so kann der Magnetismus immer nur unter Arbeitsaufwand hergestellt werden. Die aufgewandte Arbeit wird natürlich beim Aufhören der Magnetisirung wieder gewonnen, bei Elektromagneten in Gestalt eines Stromstosses, welcher die Windungen noch durchfliesst, wenn der Stromkreis schon unterbrochen ist, und den so unwillkommenen Oeffnungsfunken hervorbringt. Die Intensität dieses Oeffnungsstromes wird um so stärker, je grösser die Kraftlinienzahl des aufhörenden Feldes und, wie die specielle Theorie noch lehrt, je grösser auch die Zahl der Windungen der Elektromagnet-Spule ist. In der Berücksichtigung dieses Naturgesetzes sind die Mittel zu suchen, schädliche Funkenbildung zu vermeiden. Bei der Besprechung des Funkens der Kollektoren von Gleichstrom-Ankern wird später davon Gebrauch gemacht werden.

Das oben abgeleitete Grundgesetz des „magnetischen Kreises" giebt zwar gegenüber Gl. 10 weder neue wissenschaftliche Erkenntniss noch grössere Einfachheit oder Sicherheit in der Rechnung. Es hat indessen für die Elektrotechnik dadurch Bedeutung gewonnen, dass es die Anschauung in vielen Fällen zu Hilfe bringt, wo die exakte Rechnung versagt. Der magnetische Kreis ist in der Vorstellung des modernen Elektrotechnikers zu einem Kraftlinienstrom geworden, welcher, durch eine magneto-motorische Kraft in Bewegung gesetzt, magnetische Widerstände zu überwinden hat. Nach dieser Vorstellung werden die Kraftlinien denjenigen Weg wählen, wo sie den geringsten Widerstand finden, d. h. wo immer möglich eine Bahn von Eisen suchen. In letzterem selbst werden sie dort am dichtesten verlaufen, wo sie den kürzesten geschlossenen Weg einschlagen können. Diese Auffassung ist in ihren allgemeinen Schlussfolgerungen überaus fruchtbar, bei ihrer Ausnutzung für specielle Fälle bleibt indessen noch viel dem persönlichen Ermessen des Rechnenden überlassen.

Eine praktisch wichtige Erscheinung, bei welcher das Gesetz des magnetischen Kreises wenigstens die Art des Einflusses der verschiedenen maassgebenden Faktoren übersehen lehrt, ist z. B. die magnetische Streuung der Pole. Die Anzahl der Streulinien, d. h. die Anzahl derjenigen Kraftlinien, welche von einem Magnetpol zum anderen übergehen, ohne den Anker zu durchströmen, ist heute einer wissenschaftlich exakten Berechnung noch durchaus unzugänglich. Da die Grösse dieses Betrages aber für jede Maschine von Bedeutung ist, so möge hier ein Berechnungsverfahren von Kapp kurz geschildert werden, welches gleichzeitig dazu dienen mag, in den Geist der modernen Auffassung und Benutzung des magnetischen Kreislaufgesetzes näher einzuführen.

Kapp geht aus von der Thatsache, dass für die Streulinien zwischen den Polflächen dieselbe magnetomotorische Kraft zur Verfügung steht, wie für die anderen Kraftlinien, welche von dort aus den Anker und den Luftzwischenraum zwischen Anker und Polen durchströmen. Diese M.M.K. hat den Werth:

$$\mathfrak{H}_A\, l_A + \mathfrak{H}_L\, l_L$$

Wird der Widerstand, den die Streulinien in der Luft auf ihrem Wege finden, mit ϱ bezeichnet, so ist nach dem Grundgesetz des magnetischen Kreises der gesammte Streulinienfluss

$$S = \frac{\mathfrak{H}_A\, l_A + \mathfrak{H}_L\, l_L}{\varrho} \qquad \ldots \ldots \quad (13)$$

S wäre also leicht zu berechnen, wenn ϱ bekannt wäre. Aber ϱ lässt sich mit Genauigkeit nicht ermitteln, da der Weg der Streulinien nicht festgestellt werden kann. Dem Begriffe des magnetischen Widerstandes entsprechend, muss ϱ der mittleren Länge des Streulinienbündels direkt und dem Querschnitt umgekehrt proportional sein. Nimmt man an, ϱ sei für einen bestimmten Maschinentypus bekannt, und gleich k, so würde ϱ bei f-facher linearer Vergrösserung sich proportional $f : f^2$, d. h. umgekehrt proportional f verändern. Kapp giebt nun k für verschiedene Maschinentypen nicht in der Weise an, dass man durch f, sondern dass man durch eine der Hauptdimensionen der zu berechnenden Maschinen selbst zu dividiren hat. Als solche wählt er, um kleine Aenderungen der Dimensionsverhältnisse zulassen zu können, die Quadratwurzel aus dem Produkt von Länge l und Durchmesser d des Ankers, beide in cm, so dass er

$$\varrho = \frac{k}{\sqrt{l\,d}} \quad \cdots \cdots \quad (13\,\mathrm{a})$$

setzt.

Für k giebt er folgende Werthe an:

für Hufeisenmagnete mit oben liegenden Polen $k = 0{,}29$
für Hufeisenmagnete mit unten liegenden Polen[1]) (Fig. 5) $k = 0{,}21$
für Magnete mit doppeltem Schluss (Fig. 8) $k = 0{,}12$
für mehrpolige Magnetgestelle mit Aussenkranz
(Fig. 9) je nach Breite und Abstand der Pole $k = 0{,}35$ bis $0{,}55$

Der Einfachheit halber ist k so gewählt, dass in Gl. **13** als Zähler nicht die magnetomotorischen Kräfte $\mathfrak{H}\,l$, sondern die Ampèrewindungen $Z\,l$ einzuführen sind, welche für die Magnetisirung von Anker und Luftraum aufzuwenden sind. Da sich beide Grössen nur durch den Faktor $0{,}4\,\pi$ unterscheiden, so ändert dies am Princip der Methode nichts.

Bei Beurtheilung des praktischen Werthes dieses Verfahrens, welches der mangelhaften Grundlagen wegen an sich keine genauen Resultate ergeben kann, muss berücksichtigt werden, dass die Streulinien bei den heutigen Typen keinen sehr grossen Betrag ausmachen. Bei einem einfachen Hufeisenmagnet mit oben liegenden Magnetpolen beträgt die zerstreute Kraftlinienzahl ungefähr 25 % von derjenigen, welche in den Anker wirklich hineingeht. Bei mehrpoligen Maschinen nach Art von Fig. 9 ist dieses Verhältniss noch geringer. Der Fehler, welcher bei der Berechnung des absoluten Werthes der Streulinienzahl gemacht wird, geht also im Allgemeinen mit weniger als dem vierten Theil in die Berechnung der Ampèrewindungen der Magnetspulen ein.

Zur Illustration der in diesem Abschnitte dargestellten Gesetze möge nun noch als Beispiel die Berechnung der Magnetspulen eines modernen Motors folgen. Gewählt werde dazu der bekannte Hufeisentypus mit Dimensionen nach Fig. 11—12. Material des Ankers: weiches Schmiedeisen, des Magnetgestells: Flusseisen. Verlangt werde als gesammte Kraftlinienzahl für den Anker $N = 2{,}1 \cdot 10^6$. Der schematische Verlauf der Kraftlinien im Magnetgestell ist

---

[1]) Maschinen mit unten liegenden Polen werden nicht direkt auf die Grundplatte, sondern auf eine daraufliegende Zinkplatte gestellt. Trotzdem werden durch das benachbarte Eisen von dem Anker mehr Kraftlinien abgezogen, als wenn nur Luft vorhanden wäre.

hier analog der gestrichelten Linie in Fig. 5. Der Kraftlinienstrom geht
gleichmässig durch Schenkel und Joch, und die mittlere Länge kann
durch die Mittellinie (Fig. 12a) dargestellt werden. Genau genommen
werden zwar die inneren Kraftlinien, da sie kürzer sind, etwas dichter
verlaufen als die äusseren, und die mittlere Länge wird daher etwas

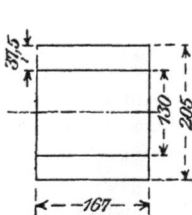 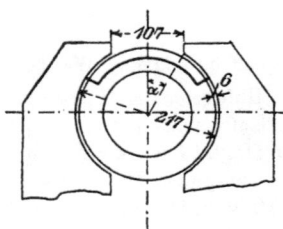

Fig. 11a.   Fig. 11 b.

Fig. 12 a.   Fig. 12 b.

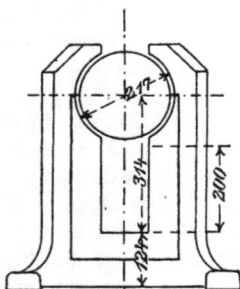 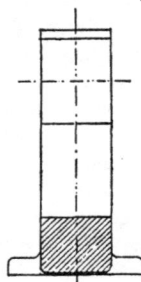

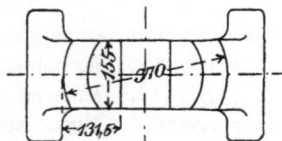

Fig. 12 c.

geringer sein als gezeichnet ist. Die ganze magnetomotorische
Kraft für das Magnetgestell wird sich aber als so klein ergeben,
dass sie keine praktische Bedeutung hat. Auch die Unsicherheit
bei der Aufzeichnung der Mittellinie in der Nähe der aussen abge-
schrägten Pole ist daher belanglos.

Im Anker vertheilen sich die Kraftlinien in die obere und untere Hälfte. Da sie nur von den Polflächen aus in den Anker übergehen, so tritt die mittlere Linie aus der Mitte einer Polhälfte aus und verläuft dann wie in Fig. 11b. Diese Mittellinie und die entsprechende in der unteren Ankerhälfte könnte man sich auch durch das Magnetgestell fortgesetzt denken. Die beiden Linien des letzteren müssten dann aber wieder die Mittellinie in Fig. 12a ergeben. Darnach gestaltet sich die Rechnung, wie folgt: Anker: Cylinderring. Jeder Ringquerschnitt = 3,75 · 16,7 qcm. Aus später anzugebenden Gründen wird der Ankerkörper aus dünnen Eisenblechen zusammengesetzt, welche durch eine Oxydschicht, durch Anstrich oder durch dünne Papierblättchen von einander isolirt werden. Rechnet man für die Isolation 5 % des Ankervolumens, so wird der gesammte Ankerquerschnitt (Summe beider Ringquerschnitte) $s_A = 2 \cdot 3,75 \cdot 16,7 \cdot 0,95 = 119,0$ qcm, also $\mathfrak{B}_A = 2,1 \cdot 10^6 : 119 = 17600$. Aus Fig. 10 ergiebt sich dafür $Z_A = 108$. Die Länge des Kraftlinienweges im Anker ergiebt sich aus Fig. 11b. $\sin \alpha = \dfrac{107}{2} : \dfrac{217}{2}$; $\alpha = 29,54^0$, rd. 30^0. Winkel des peripherischen Theiles des Ankerweges = 120^0. Länge dieses Weges: $\dfrac{205 + 130}{2} \pi \dfrac{120^0}{360^0} = 17,4$ cm. Gesammter Kraftlinienweg im Anker $l_A = 3,75 + 17,4 = 21,2$ cm. Nothwendige Ampèrewindungszahl $Z_A \cdot l_A = 2289$.

Luftzwischenraum. Für die Querschnittsberechnung ist die Mitte zwischen innerer Polfläche und äusserer Ankerfläche in Betracht zu ziehen. Bogenlänge: $21,1 \cdot \pi \dfrac{60^0}{180^0} = 22,1$ cm. Um zu berücksichtigen, dass die Kraftlinien von den Polkanten nicht radial zum Anker übergehen, sondern sich dabei nach aussen ausbreiten („Polbart"), pflegt man die mittlere Bogenlänge um den Abstand zwischen Anker und Pol zu vergrössern. Korrigirte Bogenlänge: $22,1 + 0,6 = 22,7$ cm. Luftquerschnitt $s_L = 22,7 \cdot 16,7 = 379,1$ qcm. $\mathfrak{B}_L = \dfrac{2,1 \cdot 10^6}{379,1} = 5540 = \mathfrak{H}_L$. Ferner $Z_L = \dfrac{\mathfrak{H}_L}{0,4 \cdot \pi} = 4430$. Länge der Luftzwischenräume vor beiden Polen, zusammen $l_L = 2 \cdot 0,6 = 1,2$ cm; $Z_L\, l_L = 5320$ Ampèrewindungen.

Streuung. Für den vorliegenden Magnet-Typus kann die Zahl S der Streulinien zu 23 % von N angenommen werden. In den Magnetschenkeln müssen also erzeugt werden $N + S = 2,59 \cdot 10^6$ Kraftlinien.

In Gl. 13a S. 31 ist bei Hufeisenmagneten mit oben liegenden Polen $k = 0{,}29$; ferner ist $d = 20{,}5$ und $l = 16{,}7$, also $\varrho = 0{,}0157$. Daher wird nach Gl. 13, wenn man darin Z für H einführt, $S = 4{,}85 \cdot 10^5$ und $S : N = 0{,}23$.

Schenkel. Nach Fig. 12b ist $s_S = 131{,}5 \cdot 15{,}5 = 200$ qcm; $\mathfrak{B}_S = \dfrac{N + S}{s_S} = 12950$; $Z_S = 6{,}2$. Ferner ist nach Fig. 12a und 12c

$$l_S = \left(31{,}4 + \frac{12{,}4}{2}\right) \cdot 2 + \left(\frac{30{,}7 + 10{,}7}{2} - 21{,}7\right) = 77{,}4 \text{ und } Z_S \, l_S =$$

480 Ampèrewindungen.

Joch. $s_J = 12{,}4 \cdot 15{,}5 = 192{,}2$ qcm; $\mathfrak{B}_J = \dfrac{N + S}{s_J} = 13\,480$

$Z_J = 7{,}5$; $l_J = \dfrac{37{,}0 + 10{,}7}{2} = 23{,}85$ cm; $Z_J \cdot l_J = 179$ Ampèrewindungen.

Zusammenstellung. Zur Magnetisirung sind nothwendig:

für den Anker: 2289 Ampèrewindungen
für den Luftraum: 5320 Ampèrewindungen
für die Schenkel: 480 Ampèrewindungen
für das Joch: 179 Ampèrewindungen
                     ───
Summe: 8268 Ampèrewindungen

Wiederholt man die Rechnung für mehrere Werthe von N, so findet man für den Zusammenhang zwischen N und der aufzuwendenden Ampèrewindungszahl die in Fig. 13 gezeichnete Kurve. Diese kann als die Magnetisirungskurve des ganzen Magnetgestells bezeichnet werden und muss natürlich den allgemeinen Charakter der Magnetisirungskurven der einzelnen Stücke beibehalten. Sie ist für die Betriebseigenschaften von Motoren und Dynamos von grundlegender Bedeutung.

Ueberblickt man die ganze Rechnung noch einmal, so erkennt man, dass die Grundlagen derselben noch vielerlei Unsicherheiten bieten. Im Magnetgestell ist ausser dem Wege der mittleren Kraftlinie, über den schon oben gesprochen wurde, auch der Querschnitt des Kraftlinienflusses in der Nähe der Pole schwer bestimmbar. Bei dem Anker gilt der in der Rechnung benutzte Querschnitt nur für den kreisförmigen Theil der mittleren Kraftlinie, für den radialen ist er überhaupt kaum festzustellen. Während diese Unsicherheit nun bei den Schenkeln auf das ganze Resultat so gut wie garnichts ausmacht, kann sie beim Anker Fehler von einigen Procenten her-

vorbringen. Dazu kommt noch die Unsicherheit in der Beurtheilung
der magnetischen Streuung. Das geschilderte Rechnungsverfahren
ist darnach wissenschaftlich sicherlich noch unbefriedigend.
Für die praktische Verwendung sind dagegen seine Mängel im Allgemeinen deswegen nur von geringer Bedeutung, weil die Fehler im
Ergebniss in solchen Grenzen liegen, dass man sie durch eine nach-
trägliche Veränderung der Ampèrewindungszahl bei genügendem
Platz zwischen den Schenkeln leicht corrigiren kann. Auf den
Wirkungsgrad hat diese Aenderung praktisch gar keinen Einfluss,
da der Arbeitsverlust in der Magnetwickelung immer sehr klein ge-

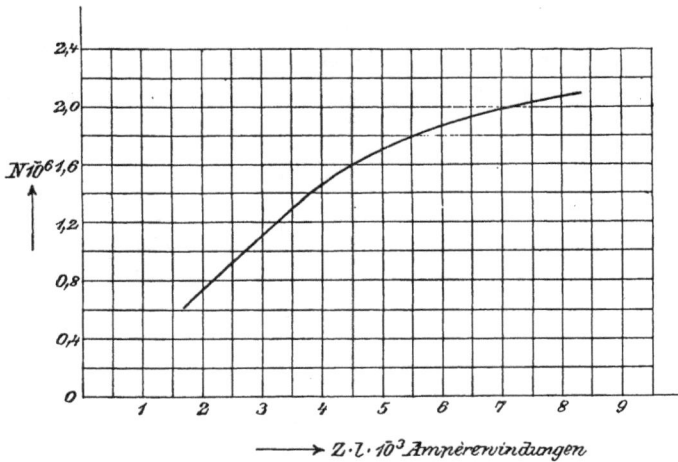

Fig. 13.

halten werden kann. Auch alle andern Betriebseigenschaften der
Maschine bleiben davon völlig unberührt. Die Mängel des Rechnungs-
verfahrens zeigen sich auch nur bei dem Entwurf neuer Modelle,
während bei der Vergrösserung oder Verkleinerung bekannter Typen
alle grundlegenden Daten mit Leichtigkeit festgestellt werden können.

Die in diesem Abschnitte entwickelten Sätze ermöglichen es,
noch eine Erscheinung rechnerisch zu verfolgen, welche bei mangelhafter Konstruktion insbesondere grosser Maschinen zu ernsten Be-
triebsstörungen führen kann, nämlich die magnetische Zugkraft,
welche von den Polen unter Umständen einseitig auf den Anker
ausgeübt wird.

Wie der in Fig. 3 gezeichnete Magnet auf das benachbarte Eisenstück, so übt auch jeder Magnetpol einer elektrischen Maschine auf das ihm gegenüber liegende Stück des eisernen Ankers eine Zugkraft aus. Ist der Anker vollkommen centrisch gelagert, so dass der Abstand von den Polen überall gleich ist, und sind die Pole sämmtlich gleich stark magnetisirt, so werden offenbar die Zugkräfte je zweier gegenüberliegender und darum auch die Kräfte aller Pole sich gegenseitig aufheben (Fig. 5, 8, 9). Liegt der Anker aber excentrisch, etwa infolge einer Durchbiegung der Welle nach unten gesenkt, so wird der Abstand von den oberen Polen grösser und die Zugkraft auf den Anker deshalb kleiner als die der unteren Pole. Die einseitige magnetische Kraft, welche unter diesen Umständen auftritt, sucht also das Uebel noch zu verstärken und würde mit einer Vergrösserung der Durchbiegung der Welle noch weiter wachsen.

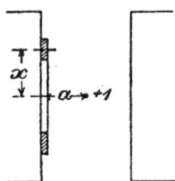   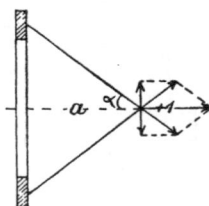

Fig. 14.   Fig. 15.

Genau genommen ist es weniger die Veränderung des Abstandes der Ankerflächen von den Magnetpolen, welche den einseitigen Zug hervorbringt, als die Aenderung der Polstärke selbst. Die magnetomotorische Kraft der Schenkelwickelungen, welche die Magnetisirung der Pole besorgt, kann nämlich nach dem Grundgesetz des magnetischen Kreises bei grösserem Abstande des Ankers wegen der Erhöhung des magnetischen Widerstandes nur eine geringere Kraftlinienzahl in den Anker hineinschicken. Um zu erkennen, in welchem mathematischen Zusammenhang die Kraftlinienzahl mit der Zugkraft steht, muss man anknüpfen an das Grundgesetz der magnetischen Kraft, d. i. an Gl. 8 S. 12. Da diese Gleichung auf den Begriff der magnetischen Massen zurückgreift, so möge zunächst von der Vorstellung ausgegangen werden, dass die Polflächen sowohl wie die gegenüberliegenden Ankerflächen gleichmässig mit positiven und negativen magnetischen Massen belegt sind, und dann möge die Beziehung zwischen der Anzahl oder der Dichte dieser Massen und der gesammten Kraftlinienzahl gesucht werden.

Zur Vereinfachung werde angenommen, Pol und Ankerfläche seien eben, parallel gestellt (Fig. 14), und mit σ magnetischen Massen pro qcm gleichmässig belegt. Auf der linken Fläche, welche den Pol darstelle, seien diese Massen nordmagnetisch (+), auf der rechten, die das gegenüberliegende Ankerstück andeute, südmagnetisch (—). Es soll die Kraft berechnet werden, welche auf eine positive Masseneinheit (+ 1) zwischen Pol und Anker und im Abstand a vom Pole ausgeübt wird.

Von allen Massen, welche sich auf dem Pole befinden, üben offenbar alle diejenigen eine gleich grosse Kraft auf + 1 aus, welche auf einem Kreise liegen, der um den Fusspunkt des Lothes a geschlagen wird, denn alle diese Massen haben gleiche Entfernung von + 1. Wie man leicht erkennt (Fig. 15) addiren sich die längs a gerichteten Componenten dieser Kräfte, während die senkrecht dazu wirkenden sich aufheben. Ist x der Radius eines solchen Kreises, dx die Breite eines sehr schmalen Ringes von demselben Radius x, so ist die Zahl der auf der Fläche dieses Ringes liegenden Massen

$$dm = 2 x \pi \sigma dx$$

und nach Gl. 8 die längs a gerichtete Componente der Kraft, mit welcher sie auf + 1 abstossend wirken,

$$dF = \frac{dm}{a^2 + x^2} \cos \alpha.$$

Setzt man hierin für dm den oben berechneten und für $\cos \alpha$ den Werth

$$\cos \alpha = \frac{a}{\sqrt{a^2 + x^2}}$$

ein, so erhält man

$$dF = 2 \pi \sigma \frac{a x \, dx}{(a^2 + x^2)^{3/2}}$$

Da ferner aus der Gleichung für $\cos \alpha$ durch Differentiation sich ergiebt

$$- \sin \alpha \, d\alpha = \frac{- a x \, dx}{(a^2 + x^2)^{3/2}}$$

so wird einfach

$$dF = 2 \pi \sigma \sin \alpha \, dx$$

und die Gesammtkraft der von dem Ringe eingeschlossenen Kreisfläche

$$F_a = 2\,\pi\,\sigma.\,(1 - \cos\alpha)$$

Liegt die Masseneinheit so nahe an der Polfläche, dass die von ihr nach den Rändern der letzteren gezogenen Verbindungslinien mit a einen Winkel von 90^0 einschliessen, so erhält man die Gesammtkraft der ganzen linken Fläche, indem man $\alpha = 90^0$ setzt, zu

$$F_1 = 2\,\pi\,\sigma \;\cdot\;\cdot\;\cdot\;\cdot\;\cdot\;\cdot\;\cdot\;\cdot \quad (14)$$

Da aber die rechte Fläche ebenso dicht mit südmagnetischen Massen belegt gedacht ist, wie die linke mit positiven, so wirkt sie mit derselben Kraft auf $+1$ anziehend, wie die linke abstossend und die Gesammtkraft F_2 ist doppelt so gross wie F_1, also

$$F_2 = 4\,\pi\,\sigma.$$

Nach ihrer Bedeutung als diejenige Kraft, welche in dem Zwischenraume zwischen den beiden Magnetflächen auf eine magnetische Masseneinheit wirkt, ist F nichts anderes als die Kraftliniendichte $\mathfrak{B}$ in dem von beiden Magnetflächen gebildeten Felde.

Die Gleichung

$$\mathfrak{B} = 4\,\pi\,\sigma \;\cdot\;\cdot\;\cdot\;\cdot\;\cdot\;\cdot\;\cdot \quad (15)$$

stellt eine Beziehung her zwischen der Dichte des Kraftstromes, welcher von einem Pol zur gegenüberliegenden Ankerfläche übergeht, und der Dichte der auf diesen Flächen liegenden magnetischen Massen. Sie kann bei allen Rechnungen benutzt werden, bei denen es vortheilhaft ist, die Dichte eines Kraftliniensystems, das auf eine Eisenfläche trifft, durch die Dichte der auf letzterer vorhandenen magnetischen Massen oder umgekehrt zu substituiren.

Ist Q die Grösse der rechten Fläche in Fig. 14, so befinden sich darauf $Q\sigma$ magnetische Masseneinheiten. Liegt diese Fläche sehr nahe der linken Fläche, so ist die Kraft, welche jede ihrer Masseneinheiten erfährt, ebenfalls F_1, und es wird dann die Gesammtkraft auf alle ihre Massen oder die Zugkraft von Pol- und Ankerfläche auf einander

$$F = F_1 \cdot Q\sigma = 2\,\pi\,\sigma^2\,Q$$

Substituirt man σ nach Gl. 15 durch $\mathfrak{B}$, so erhält man

$$F = \frac{\mathfrak{B}^2 Q}{8\,\pi}$$

oder, da endlich $\mathfrak{B}\,Q$ die gesammte Kraftlinienzahl N bedeutet, welche von einer Fäche zur anderen übergeht, auch

$$F = \frac{N'^2}{8\,\pi\,Q} \quad \ldots \ldots \quad (16)$$

Dieses für sehr nahe an einander liegende Flächen gültige Gesetz kann mit genügender Genauigkeit auf elektrische Maschinen angewendet werden, da hier der Abstand zwischen Pol und Anker stets der Polfläche gegenüber klein ist. Um einen konkreten Fall vor Augen zu haben, möge die Rechnungsweise für das Magnetgestell in Fig. 9 kurz betrachtet werden, in welchem vier magnetische Kreise auftreten. Hier fliesst durch jeden Pol der Kraftstrom aus 2 magnetischen Kreisen, und es müssten daher entsprechend einer angenommenen Durchbiegung der Welle die mittleren Abstände zwischen dem Anker und den einzelnen Polhälften berechnet werden. Die Summe der beiden Abstände, welche von dem Kraftstrom eines magnetischen Kreises überbrückt werden, bildet die Luftstrecke desselben. Unter Benutzung dieser Zahl ist nun für jeden magnetischen Kreis entsprechend Fig. 13 eine Magnetisirungskurve zu berechnen und daraus der Kraftstrom N' zu entnehmen, welcher von der vorhandenen Ampèrewindungszahl erzeugt wird. Aus N' ergiebt sich die radiale Zugkraft F jeder der beiden Polhälften, durch welche der Kraftstrom fliesst, nach Gl. 16 in Dynen. Unter Benutzung des auf S. 13 gegebenen Uebergangsfaktors erhält man

$$F = \frac{4\,N'^2}{Q}\,10^{-8}\,\mathrm{kg},$$

wobei Q als halbe Polfläche in qcm einzuführen ist. Indem man einen entsprechenden Werth für alle Polhälften berechnet und die radialen magnetischen Kräfte zu einer Resultirenden vereinigt, erhält man die verlangte Grösse für den vertikalen Zug.

III. Drehmoment und Arbeitsleistung eines Gleichstromankers.

Die Triebkraft eines Elektromotors ist eine „elektromagnetische“. Sie entsteht durch die Wechselwirkung zwischen einem magnetischen Felde und einem darin befindlichen vom elektrischen Strome durchflossenen Leiter nach folgendem Grundgesetz:

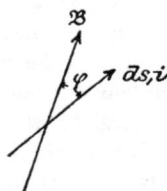

Fig. 16.

Ein Leiterelement, d. h. ein sehr kurzes Leiterstück von der Länge ds, welches von einem Strome i durchflossen wird, erfährt in einem magnetischen Felde von der Intensität $\mathfrak{B}$ eine bewegende Kraft dF, welche ds, J und $\mathfrak{B}$ proportional ist und von der Lage des Leiterelementes gegenüber der Kraftrichtung des Feldes abhängt. Der Einfluss der Lage wird gegeben durch den Sinus des Neigungswinkels φ (Fig. 16) zwischen den Richtungen von $\mathfrak{B}$ und i, so dass dF ausgedrückt werden kann durch die Gleichung

$$dF = \mathfrak{B}\, i\, ds\, \sin \varphi \quad \ldots \ldots \quad (17)$$

Die Natur dieses Vorganges kann nicht durch einfache mechanische Analogie erfasst werden, denn die Kraft dF ist weder längs der magnetischen Kraft $\mathfrak{B}$ noch längs des Stromes i oder längs der Resultirenden aus beiden gerichtet. Ihre Richtung steht vielmehr sowohl auf $\mathfrak{B}$ wie auch auf i senkrecht. Da längs des gemeinsamen Lotes aber zwei Richtungen möglich sind, so muss die wahre noch durch eine besondere Regel bestimmt werden. Von den vielen Formen, in welche man die letztere gekleidet hat, ist die folgende wohl die einfachste: Man lege den Mittelfinger der rechten Hand in die Richtung der magnetischen Kraft $\mathfrak{B}$, den Zeigefinger in die Richtung des Stromes i in ds, so giebt der Daumen, auf eine durch $\mathfrak{B}$ und *ds* gelegte Ebene senkrecht gestellt, die Richtung der elektromagnetischen Kraft an.

Sieht man ab von der inneren Erklärung des Ursprunges dieser Kraft und begnügt man sich mit der Anwendung ihrer obigen ein-fachen Gesetze, so macht ihre rechnerische Beherrschung keine Schwierigkeiten. Sie kann nach den Gesetzen der Mechanik zerlegt oder mit anderen gleichartigen Kräften kombinirt werden, wie jede mechanische Kraft.

Die Anker der modernen Elektromotoren bestehen bekanntlich aus cylindrischen Eisenringen, welche theils nur aussen (Trommel-anker), theils aussen und innen (Ringanker) mit Drähten umwickelt sind. Diese Drähte oder Windungen müssen so geschaltet werden, dass sich die Zugkräfte, welche sie erfahren, sämmtlich zu einer tangentialen Zugkraft in gleichem Sinne addiren. Um die Bedingungen für diese Schaltung zu erkennen und das gesammte sich ergebende Drehmoment festzustellen, ist es zweckmässig, zunächst die tangentiale Zugkraft einer einzigen Windung zu berechnen.

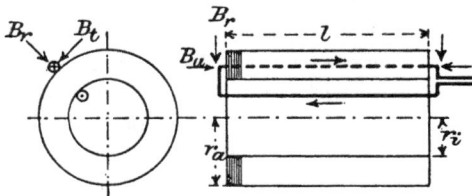

Fig. 17a.   Fig. 17b.

Zu diesem Zwecke werde der in Fig. 17 gezeichnete Ringanker betrachtet, welcher den inneren Radius r_i, den äusseren Radius r_a und die Länge *l* habe. Da jede Ankerwindung aus je zwei axialen und je zwei radialen Stücken besteht, so müssen nacheinander die Zugkräfte bestimmt werden, welche diese Seiten einzeln erfahren. Es soll dabei angenommen werden, dass die Stromrichtung die in Fig. 17b angedeutete ist. In Fig. 17a, wo die axialen Leiter im Querschnitt erscheinen, ist die Stromrichtung durch die Zeichen $\oplus$ und $\odot$ markirt. Der Punkt im Kreise ist dabei als Spitze eines Pfeiles gedacht und bedeutet, dass der Strom aus dem Querschnitt zum Beschauer hinfliesst, während das Kreuz als das Ende der Fiederung des Pfeiles die umgekehrte Richtung bedeutet.

Die axialen Stücke. Die in einem beliebigen Element ds des äusseren axialen Leiters in beliebiger Richtung wirkende magnetische Feldstärke $\mathfrak{B}$ kann in drei Komponenten zerlegt werden, von denen die eine $\mathfrak{B}_r$ radial, die zweite $\mathfrak{B}_a$ parallel zur Axe, also längs ds, und die dritte $\mathfrak{B}_t$ senkrecht zu den beiden anderen, also tangential an den Kreis wirkt, welchen ds bei der Drehung des Ankers beschreibt. Im Felde einer jeden dieser Komponenten erfährt das betrachtete Stück des axialen Leiters eine elektromagnetische Kraftwirkung, und die Gesammtkraft erhält man, indem man diese drei Komponenten vereinigt.

Der Winkel φ, welchen $\mathfrak{B}_r$ und $\mathfrak{B}_t$ mit einem axialen Leiterelement ds einschliessen, beträgt 90°; zwischen $\mathfrak{B}_a$ und ds dagegen ist $\varphi = 0$. Während also nach Gl. 17 die durch $\mathfrak{B}_r$ und $\mathfrak{B}_t$ ausgeübten elektromagnetischen Kräfte

$$d\,F_r = \mathfrak{B}_r\,i\,ds \quad \ldots \ldots \ldots (18)$$

und

$$d\,F_t = \mathfrak{B}_t\,i\,ds$$

sind, wird die von $\mathfrak{B}_a$ erzeugte Kraft gleich Null. Nach der oben angegebenen Regel für die Richtung der elektromagnetischen Kraft wirkt $d\,F_r$ tangential und sucht den Anker entgegen dem Uhrzeiger zu drehen, $d\,F_t$ dagegen wirkt radial nach aussen, übt also kein Drehmoment aus. Die einzige Kraft, welche den Anker in Rotation versetzt, ist demnach

$$d\,F_r = \mathfrak{B}_r\,i\,ds$$

und die ganze Zugkraft auf den äusseren axialen Leiter ist

$$Z = \mathfrak{B}_r\,i\,l. \quad \ldots \ldots \ldots (19)$$

Bei der Ableitung von Gl. 19 aus Gl. 18 ist stillschweigend vorausgesetzt worden, dass $\mathfrak{B}_r$ für alle Theilchen ds des äusseren axialen Leiters konstant ist. Dies ist aber mit genügender Genauigkeit der Fall, denn in allen senkrecht zur Ankeraxe liegenden Querschnitten des Eisengestelles einer elektrischen Maschine (wie Fig. 5, 8, 9) muss dieselbe Vertheilung der Kraftlinien wiederkehren, weil für alle diese Schnittebenen dieselbe magnetomotorische Kraft vorhanden ist. Aus den früheren Betrachtungen über magnetische Kreise ergiebt sich ferner, dass von der inneren Mantelfläche des Ankers in den inneren Hohlraum desselben so gut wie gar keine Kraftlinien eintreten können; denn die Kraftlinien bevorzugen wegen seiner grösseren Permeabilität den Weg im Eisen, wo immer eine Luftbrücke vermieden werden kann, und verlaufen im Anker, wie in Fig. 5, 8, 9 gezeichnet ist. Der innere axiale Leiter wird demnach von Kraftlinien überhaupt nicht geschnitten und kann an der Erzeugung des Drehmoments keinen Antheil haben. Gl. 19 stellt also die Zugkraft dar, welche beide axialen Leiter zusammen erzeugen.

Die radialen Stücke. Die radialen Leiter bilden mit $\mathfrak{B}_t$ und $\mathfrak{B}_a$ den Winkel $\varphi = 90^0$, mit $\mathfrak{B}_r$ dagegen $\varphi = 0$. Daher sind die entsprechenden elektromagnetischen Kräfte

$$f_t = \mathfrak{B}_t \, i \, ds$$
$$f_a = \mathfrak{B}_a \, i \, ds$$
$$f_r = 0.$$

$\mathfrak{B}_t$ giebt nach der Zeichenregel eine elektromagnetische Kraft, welche parallel zur Axe in Fig. 17b nach links wirkt, $\mathfrak{B}_a$ giebt eine solche, welche tangential verläuft und den Anker in Fig 17a entgegen dem Uhrzeiger zu drehen sucht. Für die Rotation des Ankers ist also nur $\mathfrak{B}_a$ von Interesse.

$\mathfrak{B}_a$ bildet ein Maass für die Dichte, mit welcher die Kraftlinien von rechts bezw. links aus den Polen in die Stirnfläche des Ankers eintreten. Diese Dichte ist sehr gering; denn die Kraftlinien, welche von den Polen aus zum Anker übergehen, wählen den kürzeren und direkteren Luftweg von den Polflächen in die Mantelflächen des Ankers, weil dieser geringeren magnetischen Widerstand bietet. Theorie und Messung lehren übereinstimmend, dass $\mathfrak{B}_a$ für die Bildung des Drehmomentes vernachlässigt werden kann.

Demnach wird in den radialen Leiterstücken ein Drehmoment nicht erzeugt, und die ganze tangentiale Zugkraft, welche die eine Ankerwindung erfährt, ist

$$Z = \mathfrak{B}_r \, i \, l \quad \cdots \cdots \cdots \quad (19)$$

Verfolgt man diese Triebkraft Z für die verschiedenen Stellungen der Windung im magnetischen Felde der Pole, indem man sich den Anker langsam gedreht und dabei die Windung von einem konstanten Strome i durchflossen denkt; so erkennt man aus dieser Gleichung, dass Z und daher auch das Drehmoment allein von $\mathfrak{B}_r$ abhängen. Es ist darum von Wichtigkeit, die Vertheilung der radialen Komponenten der magnetischen Kraft längs der Ankerperipherie zu betrachten.

Bei allen in der modernen Technik für Gleichstrommaschinen verwendeten Magnetgestellen wechseln Nordpole und Südpole längs

des Ankerumfanges mit einander ab, so dass die Kraftlinien in den
Anker abwechselnd ein- und wieder austreten. An der Grenze von
je zwei Abschnitten mit verschiedener Kraftrichtung muss natürlich
je eine Region vorhanden sein, in der überhaupt keine magnetische
Kraft besteht. Diese axialen Streifen, die offenbar immer in der
Mitte zwischen zwei Polen liegen müssen, werden als die „neutralen
Axen" bezeichnet; sie müssten die ganzen Ankerflächen zwischen
den einander zugewandten Rändern benachbarter Pole umfassen,
wenn die Kraftlinien, wie bisher schematisch angenommen wurde,
von den Polen zum Anker direkt in radialer Richtung übergingen.
(Fig. 5). In Wirklichkeit aber ist dies nur bei denjenigen Kraftlinien der Fall, die von den inneren Theilen der Polflächen ausgehen;
diese Linien verlaufen nicht nur radial, sondern auch annähernd
gleichmässig dicht. In der Nähe der Ränder aber breiten sich die

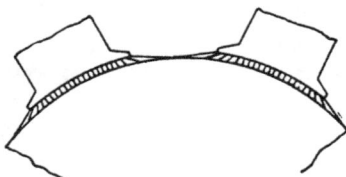

Fig. 18.

Kraftlinien „bartartig" aus (Fig. 18), und so bestehen auch zwischen
den Polen magnetische Kräfte. Die radialen Komponenten der letzteren sind aber um so geringer, je mehr sich die Richtung dieser
Kräfte der Tangente an den Anker nähert, je schräger sie also aus
den Polrändern austreten.

Eine sehr einfache und übersichtliche Darstellung für die Vertheilung der radialen magnetischen Kräfte kann man gewinnen, wenn
man die Grösse derselben für jeden Punkt des Ankerkreises von
der Peripherie an radial nach aussen aufträgt und die Endpunkte
durch eine Kurve verbindet, welche im Folgenden kurzweg als die
„Kurve der magnetischen Kraft" bezeichnet werden soll. Auf diese
Weise ist Fig. 19 gewonnen, welche die Vertheilung für ein vier-
poliges Magnetgestell, wie Fig. 9, darstellt. Entsprechend der
wechselnden magnetischen Kraftrichtung sind diese Kurven mit
Pfeilen verschiedener Richtung versehen. Die so entstehenden
vier Feldabtheilungen sind durch vier unendlich schmale neutrale Axen
von einander getrennt.

Fig. 19 stellt ausser der Vertheilung der radialen Komponenten der magnetischen Kraft nach Gl. 19 auch die Vertheilung der Zugkraft oder des Drehmoments über den Ankerumfang dar, wenn der Anker ringsherum mit einzelnen Windungen von gleicher Stromstärke und Stromrichtung bewickelt ist. Gleiche Stromrichtung bedeutet hier solche Stromrichtung in jeder Windung, dass der Strom in den allein wirksamen äusseren axialen Leitern in gleichem Sinne fliesst.

Man erkennt bei der Betrachtung von Fig. 19, dass die Zugkraft in den vier Quadranten der Ankeroberfläche abwechselnd in verschiedenem Sinne wirkt, so dass die gesammte Triebkraft Null wird. Will man erreichen, dass die Zugkräfte sich in den verschie-

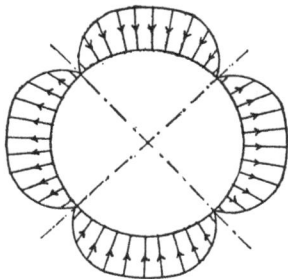

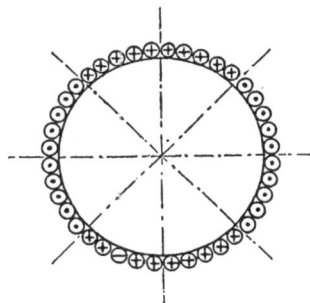

Fig. 19.   Fig. 20.

denen Quadranten addiren, so muss man bewirken, dass nicht nur $\mathfrak{B}_r$, sondern auch der Strom i in den einzelnen Quadranten abwechselnd verschiedene Richtung hat; denn wenn beide gleichzeitig ihre Richtung umkehren, so ändert sich nach der früher gegebenen Zeichenregel die Richtung der Zugkraft nicht. In Fig. 20 ist als Beispiel die Stromrichtung schematisch angedeutet, welche die äusseren axialen Leiter des Ankers in dem Magnetfelde Fig. 19 aufweisen müssen, wenn die Ankerdrehung entgegen dem Uhrzeigersinne erfolgen soll.

Soll ein einziger Gleichstrom, von aussen zugeführt, in den einzelnen Windungen in diese Richtung gebracht werden, so bedarf es dazu eines besonderen Steuerungsorganes, welches zunächst für einen zweipoligen Motor besprochen werden möge.

Bei dem letzteren liegt die Aufgabe vor, die Windungen des Ankers in 2 Hälften mit Strömen verschiedener Richtung zu speisen.

Die Forderung der verschiedenen Stromrichtung, welche oben zunächst für die axialen Leiter aufgestellt wurde, kann auch auf die
radialen bezogen und dahin ausgesprochen' werden, dass an beiden
Stirnflächen in der einen Ankerhälfte der Strom vorn (Fig. 21) von
der Ankeraxe radial nach aussen, in der anderen umgekehrt von
aussen nach der Ankeraxe zu fliesse. Vertheilen sich die magnetischen Kräfte nach der punktirten Linie in Fig. 21, so liegt die neutrale Axe, welche beide Ankerhälften trennt, horizontal.

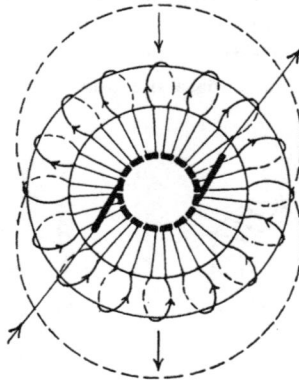

Fig. 21.

Das allgemein benutzte Steuerungsorgan, welches die gewünschte
Stromvertheilung herstellt, ist der „Kommutator". Um die Wirkungsweise desselben zu verstehen, denke man sich (Fig. 21) isolirt
auf die Welle des Ankers eine cylindrische Buchse aus Kupfer oder
Phosphorbronce geschoben, diese durch axial geführte Schnitte in
eben so viele Segmente untertheilt, wie Spulen auf dem Anker vorhanden sind, die Segmente von einander durch Glimmer isolirt, die
zusammenstossenden Enden benachbarter Spulen an je ein auf demselben Ankerradius liegendes Segment geführt und auf den so ent-
standenen Kommutator in der neutralen Axe aufgelegt zwei unbe-
wegliche Kupferbürsten, welche mit der Stromquelle in Verbindung
stehen. Lässt man einen Strom in die linke Bürste einfliessen, so
spaltet er sich, wie Fig. 21 zeigt, am Ende der Bürste in zwei
gleiche Theile, welche die beiden Hälften der Ankerwickelung in
der verlangten Art durchfliessen und als Uebergang von jeder Windung in die benachbarte das entsprechende Kommutatorsegment be-

nutzen. Da die in Fig. 21 gezeichnete Ankerstellung eine ganz willkürliche ist, so bleibt die Stromvertheilung in der oberen und unteren Hälfte aufrecht erhalten, wie auch der Anker gerade steht, und die Zugkräfte der einzelnen Spulen addiren sich bei dem stillstehenden oder laufenden Anker in jeder Lage in der geforderten Weise. Bei der praktischen Ausführung des Ankers wird man gegenüber Fig. 21 dadurch eine Vereinfachung schaffen, dass man die zusammenstossenden Enden benachbarter Spulen nicht einzeln zum Kommutator führt, sondern schon am Ankerkörper zusammenfügt (Fig. 22) und von der Vereinigungsstelle aus nur durch eine Leitung mit dem entsprechenden Kommutatorsegment verbindet. Demnach kann der Anker mit einer in sich geschlossenen Wickelung versehen werden, von deren Windungen aus in gleichen Abständen Verbindungen zu den Kommutatorsegmenten gemacht werden.

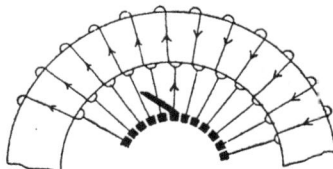

Fig. 22.

Bei mehrpoligen Motoren gelingt die richtige Steuerung des Stromes unter Benutzung derselben Einrichtung, wenn man wieder an jede neutrale Axe eine Bürste legt und diese Bürsten abwechselnd mit einander verbindet. In Fig. 23 ist die Wickelung eines 6-poligen Motors gezeichnet, bei welchem also die Aufgabe vorliegt, den Anker in 6 Abtheilungen zu theilen und diesen abwechselnd verschiedene Stromrichtung zu geben. Der Kommutator ist hier weggelassen, und die Bürsten a, b schleifen direkt auf den äusseren Ankerleitern, welche aussen blank zu machen, aber gegen einander und gegen das Ankergestell zu isoliren sind. Die Abwesenheit des als selbstständiges Organ ausgebildeten Kommutators ändert offenbar principiell nichts, denn es ist gleichgültig, ob der Strom erst, wie in Fig. 22, von der Bürste durch Kommutatorsegment und Verbindungsleitungen zur Ankerwickelung gelangt oder durch direkte Berührung der Bürste dort eintreten kann. Setzt man die in Fig. 23 mit a bezeichneten Bürsten mit dem positiven, b mit dem negativen Pol der Stromquelle in Verbindung, so dass der Strom in a ein- und aus b wieder

austritt, so erkennt man, dass der Stromverlauf der gezeichnete ist
und die Richtung in den 6 Abtheilungen, wie verlangt, abwechselt.
Jeder durch eine der Bürsten a eintretende Strom verzweigt sich
und schickt seine beiden Hälften in verschiedenem Sinne in die benachbarten Ankerabtheilungen, in den Bürsten b vereinigen sich die
Ströme wieder zu je zweien, und durch b fliesst Strom von derselben Stärke zurück, wie durch a eingetreten ist. Da der gesammte aus der Stromquelle entnommene Strom sich erstens durch
Verzweigung in die 3 Bürsten a in 3 Theile und hinter den Bürsten
beim Uebertritt in die benachbarten Abtheilungen der Ankerwicke-

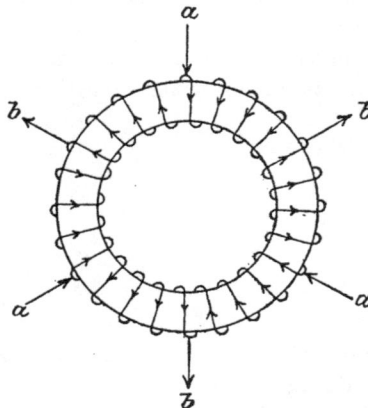

Fig. 23.

lung wieder in 2 Theile spaltet, so führt jeder Ankerdraht nur den
6. Theil des dem Motor zugeführten Gesammtstromes J. Bei Motoren von $2p$ Polen wäre also allgemein der Strom in jeder Windung

$$i = J : 2p.$$

Die soeben besprochene Schaltungsweise für die Ankerwickelung
mehrpoliger Leiter heisst die „Parallelschaltung“. Sie hat allgemein
die Eigenthümlichkeit, dass bei 2p Polen durch jede Ankerwindung
nur der 2 p. Theil des Gesammtstromes fliesst und wird deswegen
hauptsächlich bei hohen Stromstärken angewandt. Die Nothwendigkeit, starke Ströme zu benutzen, tritt nach Gl. 3 (S. 8) auf, wenn
grosse Leistungen bei niedrigen Spannungen erreicht werden sollen.
Grössere Motoren für 110 Volt werden deshalb meist mehrpolig mit
Parallelschaltung ausgeführt.

Die Methode · der Parallelschaltung ist aber nicht die einzige, welche für mehrpolige Motoren die in Fig. 20 dargestellte Stromvertheilung in den Aussenleitern herzustellen ermöglicht. Statt den Gesammtstrom in die einzelnen Abtheilungen der Ankerwickelungen zu verzweigen, kann man denselben Strom auch unverzweigt nach einander diejenigen Windungen durchfliessen lassen, welche nach Fig. 20 Strom von gleicher Richtung zu führen haben. Diese Schaltung heisst „Serienschaltung“. Bei ihr spaltet sich der Gesammtstrom J beim Eintritt aus der Bürste in den Anker nur einmal in 2 gleiche Theile, und jeder dieser beiden Ströme i durchfliesst dann hintereinander die ganze Zahl gleichartiger Windungen. Hier ist also $i = \dfrac{J}{2}$. Die Serienschaltung wird hauptsächlich

angewandt, wenn bei hohen Spannungen nur kleine Leistungen verlangt werden, also die Stromstärke nur gering zu sein braucht. Dies ist der Fall z. B. bei elektrischen Strassenbahnen, wo E_p etwa 500 Volt und die Leistung der Motoren gewöhnlich zwischen 15 und 25 P.S. beträgt.

Die geschilderten Schaltungen sind auch in etwas anderer Form gebräuchlich, nämlich derart, dass jede Windung nicht nur einen

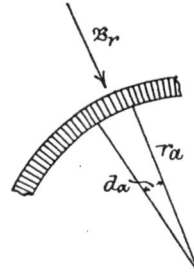

Fig. 24.

Querschnitt des Ankers umschliesst (Fig. 17), sondern um den ganzen Mantel des Ankers gewickelt ist und die Fläche $2\,r_a\,l$ hat. Solche Anker heissen „Trommelanker“, im Gegensatz zu den bisher besprochenen, die Ringanker genannt werden. Die Betrachtung der Einzelheiten aller dieser Schaltungen hat indess nur specifisch elektrotechnisches Interesse. Für das Verständniss der allgemeinen Wirkungsweise der Elektromotoren genügt es, wenn als gemeinschaftlicher principieller Zweck die in Fig. 20 für einen vierpoligen Motor dargestellte Stromvertheilung festgehalten wird.

Als letzte Aufgabe bleibt nun noch die Berechnung der Zugkraft oder des Drehmoments übrig, welches der ganze Anker auf Grund dieser Vertheilung ausübt. Nimmt man an, dass sich insgesammt n stromdurchflossene axiale Leiter auf der Ankeroberfläche befinden, so umfasst der kleine Centriwinkel da (Fig. 24) deren $\dfrac{n}{2\,\pi}\,da$. Aus der Zugkraft, welche auf jeden einzelnen äusseren

Ankerdraht wirkt (Gl. 19) ergiebt sich also diejenige, welche auf das kleine von $d\alpha$ eingeschlossene Stück der Wickelung ausgeübt wird, zu

$$dZ = \mathfrak{B}_r\, i\, l\, \frac{n}{2\,\pi}\, d\alpha$$

und das entsprechende Drehmoment, da der äussere Ankerradius r_a ist, zu

$$d\,D = r_a\, dZ = \mathfrak{B}_r\, (l\,r_a\, d\alpha)\, i\, \frac{n}{2\,\pi}\,.$$

Hierin bedeutet $l\,r_a\, d\alpha$ den schmalen Streifen der Ankeroberfläche, welcher zu $d\alpha$ gehört; da ferner $\mathfrak{B}_r$ die Zahl der radial in den Anker eintretenden Kraftlinien pro qcm bedeutet, so stellt

$$\mathfrak{B}_r\, l\,r\, d\alpha = d\,N$$

die gesammte in jenen Streifen eintretende Kraftlinienzahl dar, und man erhält

$$d\,D = d\,N \cdot i\, \frac{n}{2\,\pi}\,.$$

Wird die totale Kraftlinienzahl, welche von einem Pole aus in den Anker übergehen, d. h. die „Polstärke“, mit N bezeichnet, so ist also das Drehmoment eines Poles auf den ganzen Anker

$$D_1 = N\, i\, \frac{n}{2\,\pi}\,.$$

Schliesslich wird also das gesammte Drehmoment eines Motors von p Polpaaren

$$D = N\, i\, \frac{n}{2\,\pi}\, 2\,p.$$

Diese Gleichung ist allgemein gültig, wie auch immer die specielle Ankerschaltung sei, vorausgesetzt nur, dass das durch Fig. 20 dargestellte allgemeine Princip gewahrt bleibt.

Bei einem Motor mit Parallelschaltung, bei der $i = J : 2\,p$ ist, wird also

$$D = N\, J\, \frac{n}{2\,\pi} \quad \ldots \ldots \ldots \quad (20)$$

und bei Serienschaltung, für die $i = J : 2$ gilt, ist

$$D = N\, J\, \frac{n}{2\,\pi}\, p \quad \ldots \ldots \ldots \quad (21)$$

Bei zweipoligen Motoren fallen Gl. 20 und 21 zusammen, da $p = 1$ ist.

In allen folgenden Betrachtungen über die Betriebseigenschaften von Elektromotoren, bei denen nicht speciell die Annahme der Serienschaltung des Ankers gemacht wird, soll Gl. 20 als die typische Formel für das Drehmoment benutzt werden. Um an diese Formel eine möglichst einfache Vorstellung zu knüpfen, empfiehlt es sich, bei den folgenden allgemeinen Darstellungen immer an einen zweipoligen Motor zu denken.

Als Hauptergebniss der in diesem Abschnitt angestellten Rechnungen wäre also festzuhalten, dass das Drehmoment eines Gleichstrom-Ankers der Polstärke N, der Stromstärke J und der Drahtzahl n proportional ist. Da n im Betriebe fast immer konstant gehalten wird, so sind also N und J zur Regulirung des Drehmoments zu benutzen. Führt man in die Gl. 20 für D die Stromstärke J in Amp. und N als absolute Kraftlinienzahl nach der früheren Definition ein, so muss man die rechte Seite mit $1{,}02 \cdot 10^{-9}$ multipliciren, um D in mkg zu erhalten[1]). Fasst man diesen Uebergangsfaktor mit 2π zusammen, so erhält man schliesslich

$$D = 1{,}621 \cdot 10^{-10} \, N\,J\,n \text{ mkg.}$$

Als Beispiel möge das in Fig. 11 und 12 dargestellte und auf S. 33 durchgerechnete Magnetgestell betrachtet werden, bei dem $N = 2{,}1 \cdot 10^6$ ist. Wird der Anker mit $n = 240$ Drähten bewickelt und mit $J = 50$ Amp. gespeist, so wird

$$\begin{aligned} D &= 1{,}621 \cdot 10^{-10} \cdot 2{,}1 \cdot 10^6 \cdot 50 \cdot 240 \\ &= 4{,}08 \text{ mkg.} \end{aligned}$$

---

[1]) In Betreff dieses Uebergangsfaktors s. Anhang S. 134.

IV. Elektromotorische Gegenkraft und Beziehungen zwischen Motor und Generator.

Da der im Vorangehenden abgeleitete Werth des Drehmoments sowohl für den ruhenden, wie für den rotirenden Anker gilt, so kann er als Grundlage für die Untersuchung der Betriebseigenschaften des laufenden Motors benutzt werden. Als einfachster Ausgangspunkt dient hierfür der Leerlauf.

Wenn ein stillstehender Anker vom Widerstande w plötzlich mit einer Stromquelle verbunden wird, welche an seinen Bürsten eine Spannung E_p erzeugt und aufrecht erhält, so nimmt er nach dem Ohm'schen Gesetze einen Gesammtstrom J auf von der Grösse

$$J = \frac{E_p}{w}.$$

Ist dieser Strom gross genug, ein Drehmoment zu erzeugen, welches die passiven Widerstände der Lagerreibung etc. zu überwinden vermag, so beginnt der Anker zu rotiren, und seine Geschwindigkeit wächst zunächst. Bleiben die passiven Widerstände unverändert, so läuft er sich schliesslich auf eine solche Geschwindigkeit und eine solche Stromstärke ein, dass das dabei (nach Gl. 20) auftretende Drehmoment diese Widerstände gerade überwindet und dynamisches Gleichgewicht besteht.

Am interessantesten ist der ideale Fall des absoluten Leerlaufs, bei dem passive Widerstände überhaupt nicht vorhanden sind. Hier muss sich der Anker offenbar auf ein Drehmoment $D = 0$ einlaufen, d. h.: Wenn die Polstärke N unveränderlich ist, muss nach Gl. 20 die Stromaufnahme im dynamischen Gleichgewichtszustande des Motors auf Null herabgegangen sein.

Dieses Ergebniss scheint zunächst im Widerspruch mit dem Ohm'schen Gesetze zu stehen. Wenn es richtig ist, dass unter den eben besprochenen Verhältnissen die Spannung E_p in dem Ankerwiderstand w keinen Strom mehr erzeugt, so kann das Ohm'sche Gesetz in der Form

$$E_p = Jw \qquad \cdots \cdots \cdots \quad (22)$$

offenbar keine Gültigkeit mehr haben. Eine Lösung dieses Widerspruches findet man, wenn man annimmt, dass durch die Rotation des Ankers auf die einströmenden elektrischen Massen ein Gegendruck ausgeübt wird, welcher sich in dem Auftreten einer entgegen E_p gerichteten elektromotorischen Kraft e äussert, und dass e bei absolutem Leerlauf gerade den Werth von E_p annimmt. Unter dieser Annahme gestaltet sich Gl. 22 um zu

$$E_p - e = Jw. \qquad \cdots \cdots \cdots \quad (23)$$

Die Berechtigung dieser Hypothese kann durch folgende Schlussfolgerungen kontrollirt werden: Wenn jene „elektromotorische Gegenkraft" gleichzeitig mit der Rotation auftritt und ohne letztere nicht vorhanden ist, so muss sie auch mit ihr in kausalem Zusammenhange stehen und in der Natur des Bewegungsvorganges ihren Grund haben. Da aber bekanntlich die Bewegung von Metalldrähten in beliebigen unmagnetischen Räumen keine elektromotorischen Kräfte produciren kann, so muss der Umstand die Ursache sein, dass die Rotation in einem magnetischen Felde vor sich geht. Hieraus ergiebt sich aber weiter, dass die hypothetische elektromotorische Gegenkraft auch als selbständige E.M.K. nachweisbar sein muss, wenn die Drehung des Ankers zwischen den Magnetpolen nicht durch eingeführten Strom, sondern von Hand oder durch irgend eine Kraftmaschine geschieht.

Diese Schlussfolgerung bestätigt sich durch das Experiment. Jede Bewegung eines Leiters in einem magnetischen Felde bringt in diesem Leiter eine E.M.K. hervor, welche als „inducirte" bezeichnet wird, und jeder Elektromotor, dessen Anker durch einen von aussen zugeführten Strom in Rotation gesetzt wird, erzeugt selbst eine E.M.K., wenn man den Treibstrom abstellt und den Anker künstlich durch eine Kraftmaschine in demselben Sinne dreht. Wie die obige Theorie verlangt, ist diese E.M.K. der Richtung des früher von aussen eingeführten Stromes entgegen. Schliesst man die künstlich gedrehte Maschine durch einen Widerstand, so erzeugt die „inducirte" E.M.K. darin einen Strom, welcher ebenfalls dem Elektromotorstrom, der eine Drehung im gleichen Sinne hervorbrachte, entgegengerichtet ist.

Die Nothwendigkeit dieser Beziehung zwischen Generator und Motor ergiebt sich auch aus dem Gesetze von der Erhaltung der Energie. Der Strom, welchen ein rotirender Generator erzeugt, kann nur durch Arbeitsaufwand producirt werden, da er der mechanischen Arbeit äquivalente Erscheinungen, wie Wärme etc. hervorzubringen vermag. Arbeitsaufwand setzt aber Ueberwindung eines entgegengesetzten Drehmomentes voraus, welches nur darin seine Ursache haben kann, dass der Anker des Generators im magnetischen Felde auch als Motoranker wirkt und als solcher sich entgegengesetzt zu drehen strebt, als er in Wirklichkeit von aussen gedreht wird. Stellt man die mechanische Triebkraft des Generators ab und schickt man Strom aus einer äusseren Quelle im Sinne des eben erzeugten Stromes in den Anker, so kann der Anker den früher erstrebten Drehungssinn thatsächlich annehmen. Als Motoranker in diesem umgekehrten Sinne laufend, bleibt er aber gleichzeitig ein Generatoranker und erzeugt als solcher auch eine umgekehrte E.M.K. als früher, d. i. eine der Stromrichtung entgegengesetzte oder eine E.M. Gegenkraft.

Am eklatantesten kann man die geschilderte Wechselwirkung zeigen, indem man einen laufenden Motor plötzlich von seiner Stromquelle abschaltet und den Anker durch einen kurzen und dicken Leiter „kurz schliesst". Der Strom, welchen der Motor jetzt als Generator erzeugt, wirkt der Drehung, welche die lebendige Kraft aufrecht zu erhalten strebt, entgegen, und zwar so kräftig, dass der Anker mit einem Ruck stillsteht. Die Ausnutzung dieser Erscheinung für plötzliche Bremsung von Motoren wird später behandelt werden.

Die Bilanz der einem laufenden Motor zugeführten Energie erhält man in einfacher Weise aus Gl. 23, indem man diese auf die Form bringt:

$$E_p = J w + e \qquad \ldots \ldots \ldots \quad (24)$$

und auf beiden Seiten mit J multiplicirt, so dass man erhält

$$E_p J = J^2 w + e J \qquad \ldots \ldots \ldots \quad (25)$$

Gl. 24 bedeutet, dass von der gesammten Spannung E_p, welche dem Anker von aussen zugeführt wird, der Theil $J w$ aufzuwenden ist, um den Ankerstrom durch den Ankerwiderstand zu treiben, während der andere Theil zur Ueberwindung der E.M. Gegenkraft dient. Gl. 25 ergiebt daraus $E_p\,J$ als die gesammte dem Anker sekundlich zugeführte Arbeit, und $J^2\,w$ als die Arbeit, welche zum Durchtrieb des Stromes durch den Ankerwiderstand verbraucht nnd in Wärme umgesetzt wird. Als einzig übrig bleibende Grösse ist also $e\,J$ die elektrische Arbeit, welche sekundlich in mechanische umgesetzt wird.

Aus der durch $e\,J$ bestimmten mechanischen Leistung des Motors und derjenigen, welche man aus dem früher festgestellten Drehmoment berechnet, kann man leicht die Grösse von e ableiten. Wird die Winkelgeschwindigkeit des Ankers mit ω bezeichnet, so ist

$$e\,J = D\,\omega \quad \ldots \ldots \ldots \quad (26)$$

Führt man hierin statt ω die sekundliche Tourenzahl v des Ankers unter Benutzung der Beziehung

$$\omega = 2\,\pi\,v$$

ein und für D den in Gl. 20 gegebenen Werth, so erhält man

$$e\,J = N\,J\,\frac{n}{2\,\pi}\,2\,\pi\,v$$

und

$$e = N\,n\,v \quad \ldots \ldots \ldots \ldots \quad (27)$$

Dieses Ergebniss bestätigt die allgemeinen Schlussfolgerungen, welche schon oben in Bezug auf die Natur der inducirten E.M.K. gezogen wurden und lehrt, dass e bei gegebener Ankerdrahtzahl der Polstärke und der Drehgeschwindigkeit einfach proportional ist. Gl. 27 bildet mit Gl. 20 und Gl. 24 zusammen die Grundgesetze des Elektromotors, aus denen die Betriebseigenschaften aller Typen in einfachster Weise abzuleiten sind. Gl. 27 kann ebenfalls für die Berechnung der E.M.K. eines Generators benutzt werden. Will man diese in Volt erhalten, so muss der Uebergangsfaktor 10^{-8} eingeführt, also

$$e = 10^{-8}\,N\,n\,v\;\text{Volt} \quad \ldots \ldots \quad (28)$$

gesetzt werden[1]).

An der Entwickelung dieser E.M.K. haben natürlich alle äusseren Ankerdrähte ihren Antheil. Um die Grösse dieses Antheils e_1 für

---

[1]) In Betreff dieses Uebergangsfaktors s. Anhang S. 133.

einen jeden einzelnen äusseren axialen Draht zu erkennen, kann man
wieder die elektrische Arbeit $e_1 J$, welche in jenem Drahte sekundlich in
mechanische umgesetzt wird, dem mechanischen Arbeitsbetrag gleich
setzen. Bildet man die mechanische Leistung als Produkt der Zugkraft Z und der absoluten Geschwindigkeit g des Leiters, welche
zugleich die Umfangsgeschwindigkeit des Ankers ist, so erhält man

$$e_1 J = Z g$$

und wenn man für Z den in Gl. 19 (S. 42) angegebenen Betrag
einsetzt

$$e_1 J = \mathfrak{B}_r J l g$$

und

$$e_1 = \mathfrak{B}_r l g \quad \cdots \cdots \cdots \quad (29)$$

Um e in Volt zu erhalten, muss man wiederum den Uebergangsfaktor
10^{-8} einführen[1].

Hiernach ist bei konstanter Tourenzahl die Vertheilung der pro
Draht inducirten E.M.K. um den Ankerumfang wie die des Drehmoments durch die Vertheilungskurve der radialen Komponenten
der magnetischen Kraft (Fig. 19) gegeben.

---

[1] Da der Werth von e_1, wenn er für alle axialen Aussenleiter
addirt wird, rückwärts zu der gesammten im Anker inducirten E.M.K.
$e = 10^{-8} N n v$ führt, so ergiebt sich, dass weder in den axialen Innen-
leitern, noch in den radialen Drähten elektromotorische Kräfte inducirt
werden.

V. Magnet-Motor und Magnet-Generator.

Unter Magnet-Motor und -Generator sollen hier Maschinen mit permanenten Magneten verstanden werden, wie sie auch in den beiden vorangehenden Abschnitten stillschweigend vorausgesetzt wurden. Dieser Maschinentypus hat zwar an sich wenig praktische Bedeutung, da er heutzutage nur in Exemplaren von sehr kleiner Leistung verwendet wird. Seine Betriebseigenschaften bilden aber die Grundlage des Verhaltens aller anderen Typen mit besonderer Erregung und werden daher zweckmässig v o r diesen betrachtet.

Die normale Arbeitsweise aller Elektromotortypen ist heutzutage der Betrieb mit konstanter Spannung. Dies begründet sich durch die Art der Stromlieferung von der Centrale an die Verbrauchsstellen. Die Vertheilungssysteme für elektrische Energie lassen sich principiell in zwei Gruppen theilen, nämlich in die mit Reihen- und die mit Parallelschaltung. Unter ersterer versteht man diejenige Schaltung, bei der sich eine Konsumstelle derart an die andere reiht, dass derselbe Strom alle Konsumstellen hintereinander durchfliesst. Dieses System hat den Nachtheil, dass der Strom, wenn er an einer einzigen Stelle durch eine Betriebsstörung unterbrochen wird, gleichzeitig auch an allen übrigen aufhört. Bei der Parallelschaltung dagegen werden Hin- und Rückleitung über das ganze Verbrauchsgebiet neben einander hergeführt und jede Verbrauchsstelle wird an b e i d e Leitungen angeschlossen, so dass sich der Strom der Centrale in die einzelnen Anlagen verzweigt. Dieses Vertheilungssystem ist aufzufassen wie ein Druckrohrnetz mit vielen Abzweigungen und weicht infolge der Natur des elektrischen Stromes nur dadurch von jenem ab, dass jede Abzweigung nicht nur an e i n e Zuleitung des Stromes, sondern ausserdem an eine genau ebenso beschaffene Rückleitung angeschlossen werden muss. Wie in jenem Falle allen Ver-

brauchsstellen möglichst konstanter Druck, so muss auch bei den
elektrischen Anlagen jeder Abzweigung möglichst konstante Spannung
gegeben werden. Die Annahme, dass E_p konstant ist, kann daher
allen weiteren Betrachtungen zu Grunde gelegt werden.

Die folgende Darstellung knüpft an die Formeln an:

$$\text{I.} \quad E_p = J w + e$$

$$\text{II.} \quad e = N n v$$

$$\text{III.} \quad D = \frac{N n J}{2 \pi},$$

welche als die drei Grundgesetze der Elektromotoren bezeichnet und
in der Reihenfolge ihrer obigen Zusammenstellung numerirt werden
sollen. Aus ihnen ergiebt sich das Verhalten des Magnetmotors
unter der Voraussetzung, dass N als Polstärke des Magnetgestelles
und n und w als Konstruktionsdaten des Ankers unveränderlich
sind, in den verschiedenen Betriebszuständen, wie folgt:

Anlauf:

Wenn der Anker des stillstehenden Motors plötzlich mit den
Stromzuleitungen von der Spannungsdifferenz E_p verbunden wird,
so entsteht in ihm zunächst ein Strom nach dem Ohm'schen Gesetz

$$E_p = J w, \quad \ldots \ldots \ldots \quad (30)$$

da die E. M. Gegenkraft e noch Null ist. In demselben Maasse,
wie sich die letztere mit zunehmender Geschwindigkeit v nach dem
zweiten Grundgesetz entwickelt, nimmt J nach dem ersten Grundgesetz ab und fällt bis auf denjenigen Werth, welcher nach dem
dritten Grundgesetz dauernd das vorhandene Gegenmoment D überwindet. Da also der im ersten Augenblicke vorhandene Ankerstrom
weit stärker ist, als für den Dauerbetrieb bei der vorhandenen Belastung nothwendig ist, so kann er dem Anker eine grosse Beschleunigung geben, und dieser wird mit grosser Geschwindigkeit
anlaufen.

Das für manche Betriebszwecke sehr erwünschte grosse Anlaufsmoment kann aber von einem Strome begleitet sein, welcher für
den Anker unzulässig hoch ist. Die Grösse, welche dieser Strom
bei modernen Motoren annimmt, kann man leicht durch Betrachtung
der Gleichung 25 (S. 54) für die Energievertheilung im Motor erkennen.

Bei modernen Typen gehen bei voller Belastung etwa 2 bis 5 %
der gesammten Effektaufnahme im Anker verloren, d. h. es ist

$$\frac{J^2 w}{E_p J} = 0{,}02 \text{ bis } 0{,}05$$

und

$$J w = {}^1\!/_{50} \text{ bis } {}^1\!/_{20} \, E_p$$

Während Jw bei normalem Betriebe also im ungünstigsten Falle
den 20. Teil von E_p betrüge, würde es bei Anlauf nach Gl. 30 den
Wert von E_p selbst erreichen. Da die Wickelung der Motoren
natürlich für ihren normalen Betrieb berechnet wird, so ist eine
Stromaufnahme vom 20 fachen Betrage des zu Grunde gelegten
Werthes durchaus unzulässig.

    Der Anlaufstrom J muss also durch Vorschaltung eines Re-
gulirwiderstandes ρ reducirt werden. Bei der Benutzung eines
solchen ergiebt sich J aus der Gleichung

$$E_p = J\,(w + \varrho)$$

Hat ρ z. B. den 19 fachen Werth von w, so wird wieder

$$J w = {}^1\!/_{20} \, E_p$$

d. h. der Anlaufstrom wird auf den normalen Betriebsstrom herabgedrückt. Während des Anlassens muss ρ natürlich in dem Maasse
vermindert werden, wie die E.M. Gegenkraft steigt und bei normalem
Betriebe des Motors ganz ausgeschaltet sein. Aus diesem Grunde
wird ρ gewöhnlich als Kurbelwiderstand konstruirt und als „Anlasswiderstand" oder kurz als „Anlasser" bezeichnet.

Strom- und Effektaufnahme des laufenden Motors.

    Aus der Bilanzgleichung für die Energievertheilung im Motor

$$E_p J = J^2 w + e J$$

ergiebt sich die Beziehung zwischen der sekundlichen Arbeitsaufnahme $E_p J$ und derjenigen Arbeit, welche sekundlich in mechanische
umgewandelt wird: $e J$. Wir setzen von jetzt an der Kürze halber

$$E_p J = A$$

und

$$e J = A_e ,$$

so dass

$$A = J^2 w + A_e$$

ist. Man erkennt daraus, dass die volle aufgenommene elektrische
Energie in mechanische umgewandelt würde, wenn sich ein wider-
standsloser Anker herstellen liesse. In diesem Falle würde A als
Funktion von A_e, in gleichem Maassstabe graphisch aufgetragen,
als eine unter 45^0 gegen die Abscisse geneigte Gerade erscheinen,
wie $O'A$ in Fig. 25. Wegen der Verluste im Anker, die mit der
Stromaufnahme quadratisch zunehmen, steigt aber A schneller als
$O'A$ an, etwa wie $O'B$.

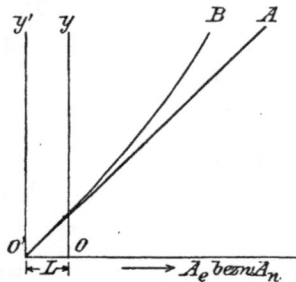

Fig. 25.

In Wirklichkeit ist indes die Ausnutzung der zugeführten Energie
noch geringer, weil wegen der passiven Widerstände des Motors, als
Lagerreibung, Friktion des rotirenden Ankers gegen die umgebende
Luft etc., nicht der ganze Werth von A_e an der Welle frei wird.
Da die Geschwindigkeit des Motors sich mit der Belastung nur
wenig ändert und nach neueren Untersuchungen[1]) die Lagerreibung
vom Axdruck nahezu unabhängig ist, so kann die zur Ueberwindung
der passiven Widerstände aufzuwendende Arbeit L als konstant und
unabhängig von der Leistung des Motors betrachtet werden. Wird
die wirklich nutzbar gemachte Arbeit mit A_n bezeichnet, so ist also

$$A_e = L + A_n$$

und

$$A = J^2 w + L + A_n \quad . \quad . \quad . \quad . \quad . \quad (31)$$

Indem man (Fig. 25) parallel zu $O'Y'$ im Abstande $OO' = L$ die
neue Ordinatenaxe OY zieht, und die Abscisse A_n von O aus zählt,
gewinnt man die graphische Darstellung für die Abhängigkeit der
Effektaufnahme des Motors von der Nutzleistung. Da E_p als konstant

---

[1]) Vergl. Bach, Lehrbuch der Maschinenelemente, 3. Aufl, S. 305.

angenommen ist, so stellt dieselbe Figur gleichzeitig auch die Abhängigkeit der Stromaufnahme von der Nutzleistung dar.

Für die Leerlaufsarbeit A_0, bei der $A_n = 0$ ist, ergiebt sich nach Gl. 31 der Werth

$$A_0 = J_0{}^2 w + L$$

Hierbei ist $J_0{}^2 w$ stets nur so klein, dass mit genügender Annäherung

$$A_0 = L$$

gesetzt werden kann[1]).

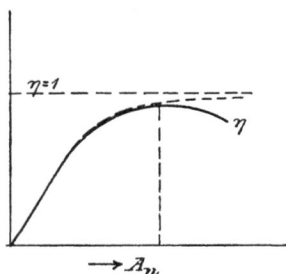

Fig. 26.

Der Wirkungsgrad η ergiebt sich zunächst unter der Voraussetzung, dass bei allen Belastungen $J^2 w$ vernachlässigt werden kann, zu

$$\eta = \frac{A_n}{L + A_n}$$

Als Funktion von A_n betrachtet, ist η nach dieser Gleichung eine Hyperbel, welche sich asymptotisch dem Werthe 1 nähert (punktirte Kurve in Fig. 26). Der Verlust $J^2 w$ drückt den Wirkungsgrad aber noch herab, und zwar um so mehr, je grösser J oder auch die Nutzleistung ist. Bei sehr hohen Belastungen, also sehr grossen Werthen von J, kann der Wirkungsgrad wieder abfallen, bei mangelhafter Konstruktion des Motors sogar schon vor Erreichung der normalen Leistung (ausgezeichnete Kurve in Fig. 26). Gute Motoren zeigen den höchsten Wirkungsgrad gerade bei normaler Belastung, und die Kurve für η ist in der Nähe dieses Punktes so flach, dass der Wirkungsgrad sich zwischen $3/4$ und $5/4$ der normalen Belastung nur wenig ändert.

---

[1]) Ein Beispiel folgt im nächsten Abschnitte.

Selbstregulirung der Tourenzahl.

Um die Abhängigkeit der Tourenzahl von der Belastung festzustellen, ist es zweckmässig, von dem absoluten Leerlauf auszugehen, bei dem $D = 0$ und daher $J = 0$ ist, und $e = E_p$ wird. Aus
der Bedingung $e = E_p$ ergiebt sich ein bestimmter Werth für die
Tourenzahl v, d. h. der Motor muss bei absolutem Leerlauf eine
solche Geschwindigkeit annehmen, dass er eine E.M.K. entwickelt,
die gerade den Werth E_p hat. Im Hinblick darauf, dass der Anker
unter diesen Umständen keinen Strom aufnimmt, kann gesagt werden:
die E.M. Gegenkraft des Motors balancirt die Klemmenspannung derselben genau aus.

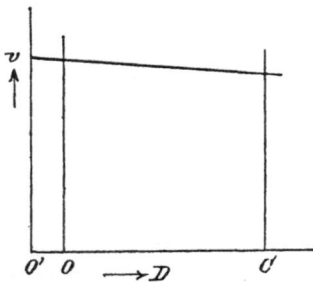 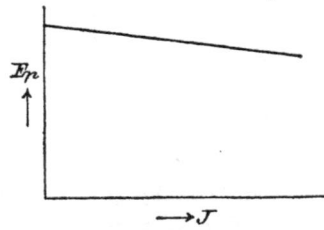

Fig. 27 a.   Fig. 27 b.

Sobald der Motor belastet wird, stellt sich entsprechend dem
auszuübenden Drehmomente eine bestimmte Stromstärke ein, und
es tritt dadurch im Anker ein Spannungsverlust Jw auf. Jetzt
muss nach Grundgesetz I und II der Motor sich auf eine solche
Tourenzahl einlaufen, dass er eine E.M.K. entwickelt, welche gleich
der Klemmenspannung vermindert um diesen Spannungsabfall ist.
Die Tourenzahl nimmt also bei wachsender Belastung proportional
Jw oder D ab. v als Funktion von D gezeichnet, wird eine abfallende gerade Linie, wie in Fig. 27a dargestellt ist.

Der Vorgang der Tourenbildung, wie kurz gesagt werden mag,
lässt sich bei allen Motortypen am leichtesten verstehen, wenn man
sich gegenwärtig hält, dass dém Motor bei gegebener Spannung entsprechend der Stromstärke, welche er aufnehmen muss, um das durch
die Belastung bedingte Drehmoment herzustellen, die Ausbildung
einer bestimmten E.M. Gegenkraft nach Grundgesetz I aufgezwungen

wird. Er muss so schnell laufen, dass er der Klemmenspannung E_p bis auf den Spannungsabfall im Anker die Balance hält.

Wird eine Magnetmaschine als Generator verwandt und mit derselben Geschwindigkeit in demselben Sinne gedreht, wie sie vorher als Motor lief, so erzeugt sie eine E. M. K., welche gleich gross und gleich gerichtet ist der E. M. Gegenkraft des Motors. Wird der Generator durch einen äusseren Widerstand geschlossen, so erzeugt diese Gegenkraft auch einen Strom von entgegengesetzter Richtung des Motorstroms. Aus dem ersten Grundgesetz des Elektromotors erhält man, indem man J durch $-J$ ersetzt, die Gleichung

$$e = Jw + E_p ,$$

d. h. an dem Generator entsteht eine Klemmenspannung, welche gleich der inducirten E.M.K. vermindert um den Spannungsabfall im Anker ist. E_p nimmt also mit wachsender Stromentnahme aus der Maschine linear ab (Fig. 27b), wie v in Fig. 27a. Für e gilt wieder die Gleichung

$$e = Nnv$$

und für D

$$D = NJ \frac{n}{2\pi} \quad . \quad . \quad . \quad . \quad . \quad . \quad (32)$$

D ist hierbei das Drehmoment, welches die treibende Kraftmaschine beim Antrieb des Generators zu überwinden hat.

Die hier zusammengestellten Formeln können als die Grundgleichungen des Gleichstromgenerators betrachtet werden. Fig. 27b heisst die Spannungscharakteristik der Magnetmaschine.

Aus der vorangehenden Darstellung ergeben sich leicht die Grenzen der zulässigen Belastung des besprochenen Maschinentypus. Die Zugkraft des Motors kann theoretisch langsam so weit gesteigert werden, bis er stillsteht. Praktisch ist nur eine Grenze gesetzt durch die Erwärmung der Ankerwickelung bei zu grosser Stromstärke. Für kurze Dauer kann der Motor also wesentlich überlastet werden. Beim Generator andererseits darf die Stromentnahme theoretisch zunächst so weit gesteigert werden, wie es die Zugkraft der Antriebsmaschine nach Gl. 32 zulässt. Praktisch zieht auch hier die Erwärmung des Ankers eine Grenze.

VI. Nebenschluss-Motor und Nebenschluss-Generator.

Die Verwendung permanenter Magnete bei Elektromotoren hat den Nachtheil, dass eine absolute Konstanz dieser Magnete nicht erreichbar ist und mit der Magnetisirung sich auch die Betriebseigenschaften der Motoren verändern. Ausserdem fehlt hier die Möglichkeit, die Tourenzahl durch Aenderung der Magnetisirung zu reguliren.

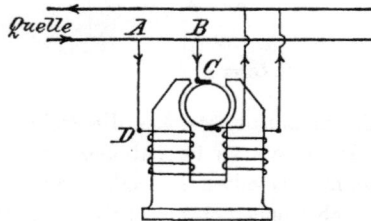

Fig. 28.

Man verwendet deshalb heutzutage, abgesehen von ganz kleinen Motortypen, bei denen die Einfachheit der Konstruktion das Wichtigste ist, ausschliesslich Magnetgestelle, die nur während des Betriebes durch den Strom magnetisirt werden, und zu diesem Zwecke nach den auf S. 23—26 abgeleiteten Gesetzen zu bewickeln sind.

Für die Speisung der Magnetwickelung mit Strom bestehen verschiedene Möglichkeiten. Am nächsten liegt es offenbar, den Magnetisirungsstrom aus derselben Stromquelle oder derselben Vertheilungsleitung zu entnehmen wie den Ankerstrom. Auf diese Weise entsteht die in Fig. 28 gezeichnete Schaltung. Die beiden Ströme werden hier bei A und B aus der unteren, mit der Stromquelle in Verbindung stehenden Vertheilungsleitung abgezweigt und fliessen beide durch die obere Leitung zur Quelle zurück. Die Magnetwickelung bildet dabei einen „Nebenschluss" zum Anker, und der Motor heisst deshalb Nebenschluss-Motor.

Wenn man die Magnetwickelung eines Nebenschluss-Motors so einrichtet, dass die Pole genau ebenso stark werden wie bei einem ebenso gebauten Motor mit permanenten Magneten, so verhalten sich beide Typen vollkommen gleich. Anlauf und Betrieb gehen in genau derselben Weise vor sich, und nur darin besteht ein Unterschied, dass bei dem Nebenschlussmotor zu dem Ankerstrom noch der Magnetisirungsstrom oder „Erregerstrom" der Feldmagnete hinzukommt und bei der Aufstellung der Energiebilanz zu berücksichtigen ist.

Strom- und Energieaufnahme des Nebenschluss-Motors.

Der Gesammtstrom J, welcher dem Nebenschlussmotor zugeführt werden muss, ist nicht mehr gleich dem Ankerstrom wie beim Magnetmotor, sondern um den Erregerstrom grösser. Zur Unterscheidung sollen Ankerstrom und -Widerstand in diesem Abschnitte mit dem Index a, Erregerstrom und Widerstand mit n (Nebenschluss) bezeichnet werden.

Dann ist die sekundliche Arbeitsaufnahme des belasteten Ankers nach Gl. 31

$$J_a{}^2 w_a + L + A_n$$

und die von J_n in der Magnetwickelung sekundlich geleistete Arbeit, wenn die gemeinsame Spannung wieder mit E_p bezeichnet wird, nach Gl. 3 (S. 8)

$$E_p J_n .$$

Andererseits ist die vom Gesammtstrome J im Motor geleistete oder die totale sekundlich vom Motor aufgenommene Arbeit

$$A = E_p J,$$

so dass die Bilanzgleichung schliesslich lautet:

$$A = E_p J = J_a{}^2 w_a + E_p J_n + L + A_n \quad . \quad . \quad (33)$$

Man entnimmt hieraus, dass J_n möglichst klein oder der Widerstand der Erregerwickelung möglichst gross sein muss, wenn die Magnetisirung möglichst wenig Arbeit kosten soll, und man muss daher, um die nöthige Ampèrewindungszahl zu erhalten, die Schenkel mit vielen möglichst dünnen Windungen magnetisiren.

Roessler.   5

Zur Veranschaulichung der Vertheilung der Energiegrössen in einem modernen Motor möge hier ein Beispiel folgen.

Ein 6pferdiger Nebenschlussmotor, dessen Magnetgestell das in Fig. 11 und 12 (S. 32) dargestellte ist, wurde vom Verfasser untersucht und zeigte bei $E_p = 106,5$ Volt einen Erregerstrom von $J_n = 1,05$ Amp. und, leer laufend, einen Ankerstrom von $J^0_a = 4,35$ Amp. Der Ankerwiderstand war $w_a = 0,118$ Ohm. Die gesammte Stromaufnahme betrug also

$$J^0 = J_a + J_n = 5,40 \text{ Amp.}$$

Setzt man diese Werthe in die Bilanzgleichung für Leerlauf ein, welche — da $A_n = 0$ ist — lautet:

$$A^0 = E_p \, J^0 = J_a^{0\,2} \, w_a + E_p \, J_n + L,$$

so erhält man die Gleichung

$$575,1 = 2,2 + 111,8 + L$$

und hieraus $L = 461,1$ Watt.

Da die normale Leistung des genannten Motors $A_n = 6$ P. S. $= 4416$ Watt beträgt, so verbraucht dieser zum Leerlauf davon $(575,1 =) 13,0 \%$, und von dieser Leerlaufsarbeit kommen etwa $^1/_5$ auf die Unterhaltung der Magnetisirung der Schenkel und $^4/_5$ auf die Ueberwindung der passiven mechanischen Bewegungswiderstände. Die in der Ankerwickelung verloren gehende Energie ist dagegen ganz zu vernachlässigen.

Aus diesen Daten für den Leerlauf kann man das Verhalten des Motors für alle Belastungen mit einer für die meisten Zwecke genügenden Genauigkeit im voraus berechnen, wenn man bedenkt, dass in die Bilanzgleichung für den belasteten Motor die Grösse $E_p \, J_n + L = 573$ Watt aus den Leerlaufsdaten unverändert zu übernehmen ist. Als Beispiel mögen Stromaufnahme, Effektaufnahme und Wirkungsgrad für die normale Leistung $A_n = 6$ P. S. $= 4416$ Watt bestimmt werden.

Da J_a noch nicht bekannt ist, möge in erster Annäherung $J_a = 0$, also

$$A = E_p \, J \backsim E_p \, J_n + L + A_n$$

gesetzt werden. Führt man hierin $A_n = 4416$ Watt, $E_p \, J_n + L = 573$ Watt und $E_p = 106,5$ Volt ein, so erhält man

$$J \backsim 46,84 \text{ Amp.}$$

Hiervon den konstant bleibenden Magnetisirungsstrom $J_n = 1,05$ Amp. subtrahirend, bekommt man

$$J_a \backsim 45,79 \text{ Amp.}$$

Dieser Annäherungswerth kann nun in die wahre Bilanzgleichung (33) eingesetzt werden und man erhält in zweiter Annäherung

$$J \backsim 49,16 \text{ Amp.}$$

Eine weitere Annäherung in gleicher Weise ergiebt schliesslich

$$J = 49,41 \text{ Amp.}$$

und

$$A = E_p J = 5262 \text{ Watt,}$$

welche Werthe als genügend genau betrachtet werden können. Der Wirkungsgrad wird dabei

$$\eta = \frac{A_n}{A} = 83,9 \%$$

und die Schlussbilanz wird

$$A = J_a{}^2 w_a + E_p J_n + L + A_n$$
$$5262 = 273 + \underbrace{112 + 461}_{573} + 4416 \quad \cdots \quad (34)$$

Wünscht man nicht für einen bestimmten Werth von A_n die Rechnung durchzuführen, sondern über den ganzen Bereich der Leistung des Motors hinweg die Abhängigkeit der Grössen J, A und η von A_n graphisch darzustellen, so thut man am besten, von verschiedenen Werthen von J_a auszugehen, daraus J und A, dann A_n und schliesslich η zu berechnen.

Die geschilderte Art der Vorausberechnung giebt mit der Wirklichkeit genügende Uebereinstimmung. Eine Quelle für Abweichungen besteht, abgesehen von Aenderungen der mechanischen Lagerreibung etc. im Wesentlichen nur in der Erwärmung der Anker- und Magnetwickelungen durch den Strom. Die Erwärmung aller kupfernen Leiter hat nämlich eine Erhöhung ihres Widerstandes zur Folge, welche pro Celsiusgrad Temperaturerhöhung etwa $^1/_3 \%$ beträgt. Durch diese Widerstandszunahme ändert sich aber die vorhin berechnete Arbeitsbilanz je nach dem Grade der Erwärmung. Wenn sich nun auch die Wärmemenge, welche der Strom erzeugt, in Kalorien nach Gl. 7 (S. 10) leicht bestimmen lässt, so ist doch der

Zusammenhang zwischen derselben und der dadurch erzeugten Temperaturerhöhung wärmetheoretisch, wie bei allen Maschinen, so verwickelt, dass er nur durch Erfahrungszahlen roh berechnet werden werden kann. Diese können indess nur ein speciell elektrotechnisches Interesse beanspruchen.

Die Regulirung der Tourenzahl.

Wenn man den Magnetisirungsstrom eines Nebenschlussmotors während des Betriebes unverändert lässt, so nimmt die Tourenzahl aus demselben Grunde, wie beim Magnetmotor mit wachsender Belastung linear ab (Fig. 27 a). Bei dem vorangehenden Beispiel, wo der Ankerstrom bei Leerlauf $J_a{}^0 = 4{,}35$ und bei Vollbelastung $J_a = J - J_n = 49{,}41 - 1{,}05 = 48{,}36$ ist, ergiebt sich $J_a{}^0 \cdot w_a = 0{,}5$ und $J_a \cdot w_a = 5{,}7$. Die E. M. Gegenkraft wird also im ersteren Falle $e = E_p - J_a{}^0 w_a = 106{,}5 - 0{,}5 = 106{,}0$ und im letzteren $e = 106{,}5 - 5{,}7 = 100{,}8$ und die Tourenzahlen bei Vollbelastung und Leerlauf verhalten sich wie $100{,}8 : 106{,}0 = 0{,}951$. Die Drehgeschwindigkeit nimmt also nur um $4{,}9 \%$ ab; d. h. der Nebenschlussmotor regulirt sich annähernd selbst.

Es wäre nun die Frage zu beantworten, auf welche Weise die geringe Tourenabnahme noch verhindert werden kann. Zu diesem Zwecke muss Grundgesetz II ins Auge gefasst werden, in welchem allein v vorkommt. Die Betrachtung dieses Gesetzes zeigt als einziges Mittel eine Verkleinerung von N in demselben Verhältniss, in welchem v zunehmen soll. Sachlich bedeutet dies: Man hat die Stärke des Magnetfeldes zu vermindern, damit der Anker sich desto schneller drehen muss, um die durch Grundgesetz I vorgeschriebene E.M. Gegenkraft entwickeln zu können. Dieses Mittel erscheint aber deswegen zunächst von zweifelhaftem Erfolge, weil mit der Polstärke N nach dem dritten Grundgesetz eine Verkleinerung des Drehmomentes D eintritt und daher eher eine Verringerung als eine Vergrösserung der Tourenzahl erwartet werden muss.

Dieser Widerspruch löst sich, wenn man gleichzeitig mit der Veränderung von N auch diejenige von J betrachtet und insbesondere den ersten Moment nach der Verminderung der Feldstärke ins Auge fasst. Es möge angenommen werden, der Motor drehe sich normal belastet mit dem vorhin berechneten Tourennachlass von $4{,}9\%$ gegenüber Leerlauf, und die Polstärke werde nun durch entsprechende Verringerung

des Erregerstromes plötzlich um 4,9 % herabgesetzt. Ehe die Tourenzahl die entsprechende Veränderung vornehmen kann, geht auch e
nach Grundgesetz II um denselben Betrag, d. h. von 100,8 Volt
auf 95,86 Volt herunter. Bleibt die Klemmenspannung dabei auf
$E_p = 106,5$ Volt konstant, so hat dies eine plötzliche, sehr starke
Steigerung der Stromstärke zur Folge, denn, setzt man die vorliegenden Werthe in Grundgesetz I ein, so erhält man

$$106,5 = J_a \cdot 0,118 + 95,86.$$

Dies ergiebt für J_a den Werth von 90,2 Amp., während J_a vor der
Regulirung der Feldstärke nur den Werth 48,36 Amp. hatte.

Dieses plötzliche gewaltige Anwachsen von J_a, während N nur
um 4,9 % abgenommen hat, bewirkt nach Grundgesetz III momentan
eine sehr starke Steigerung des Drehmomentes, und der Anker
bekommt eine grosse Beschleunigung. Durch die Zunahme der Geschwindigkeit wird aber nach II sofort e erhöht und nach I J_a wieder
herabgedrückt. Die Beschleunigung hört offenbar auf, wenn mit
J_a das Drehmoment auf denjenigen Werth gefallen ist, welcher vor
der Regulirung vorhanden war und bei der vorhandenen Belastung
des Motors dem dynamischen Gleichgewicht entspricht. Nach dieser
Feststellung lässt sich der Werth von J_a leicht ausrechnen, welcher
nach der Regulirung dauernd bestehen bleibt. Da N um 4,9 % vermindert worden ist, muss sich J_a um eben so viel erhöhen, damit
D den alten Werth behält. J_a steigt also von 48,36 auf 50,73 Amp.
an, und hieraus folgt $J_a w_a = 6,0$ und $e = 100,5$.

Dem gegenüber war e vor der Regulirung $= 100,8$, hat also
nur um 0,3 % abgenommen. Behielte e genau denselben Werth wie
früher, so müsste sich nach Grundgesetz II infolge der Verminderung
von N um 4,9 % die Tourenzahl um genau eben so viel erhöhen.
Da aber der Anker in Wirklichkeit nur den um 0,3 % geringeren
Werth von e zu entwickeln hat, so wird er nicht um 4,9 % sondern
nur um 4,6 % schneller laufen. Durch die gewählte Verminderung
der Feldstärke ist also eine völlige Nachregulirung noch nicht erreicht
worden. Um die Tourenzahl um 4,9 % zu heben, muss man N noch
um 0,3 % mehr, also im Ganzen um 5,2 % herabdrücken.

Als Schlussresultat dieser Betrachtungen ergiebt sich also, dass
man den Tourenabfall, welcher zwischen Leerlauf und Vollbelastung
des Motors eintritt, in der That durch eine Verringerung der Felderregung wieder ausgleichen kann. Soll die Nachregulirung eine

vollkommene sein, so muss die Polstärke procentisch um etwas mehr verkleinert werden, als der Tourenabfall betrug.

Die Verminderung von N geschieht natürlich durch eine entsprechende Aenderung des Erregerstromes, welche aus der Magnetisirungskurve des Maschinengestelles (Fig. 13) zu entnehmen ist. Praktisch erreicht man die Verkleinerung der Polstärke durch Einschaltung von regulirbaren Kurbelwiderständen zwischen Stromzuführung und Erregerwickelung (zwischen A und D in Fig. 28). Diese Widerstände, welche wie die Erregerwickelung selbst aus dünnem Draht hergestellt werden können, werden gewöhnlich mit dem Anlasswiderstand des Ankers in einem Kasten vereint. Der letztere birgt meist noch einen dritten Widerstand, welcher folgenden Zweck hat:

Beim Unterbrechen des Erregerstromes wird, wie bereits auf S. 29 erörtert wurde, die ganze potentielle Energie der Magnetisirung auf die Magnetwickelung in Gestalt eines Stromstosses übertragen, welcher einen sehr starken Oeffnungsfunken hervorbringt und auch, die Isolation durchschlagend, von einer Wickelungsschicht zur anderen überspringen kann. Um dies zu vermeiden, drückt man die Magnetisirung vor dem Oeffnen des Erregerstromes erst langsam herab, indem man den Strom stufenweise durch eingeschaltete Widerstände (Oeffnungswiderstände) verkleinert. Die Energie, welche dann beim Uebergang von einer Stufe zur anderen frei wird, kann Zerstörungen nicht mehr anrichten. Nebenbei möge hier bemerkt werden, dass beim Abstellen eines Motors stets zuerst die zum Anker führende Leitung und dann erst die mit der Erregerwickelung verbundene geöffnet werden muss, denn im umgekehrten Falle würde mit dem Magnetfeld auch die E.M. Gegenkraft aufhören und der Anker zu viel Strom erhalten. Beim Anlassen muss zuerst die Felderregung und dann erst der Anker eingeschaltet werden.

Anlass- und Regulirwiderstand werden heutzutage gewöhnlich in der durch Fig. 29 dargestellten Weise kombinirt, so dass ihre Kontakte von ein- und derselben Kurbel bestrichen werden können. In dieser Figur sind in zwei koncentrischen Kreisbögen 2 Reihen von Kontakten verschiedener Grösse gezeichnet, welche bis auf das Stück a der inneren Reihe aus Metall, gewöhnlich aus Messing, hergestellt sind. Die Kontakte jeder Reihe sind durch Widerstände mit einander verbunden, und zwar bei der inneren Reihe durch die vor den Anker zu schaltenden Anlasswiderstände, bei der äusseren rechts durch die Regulirwiderstände und links durch die „Oeffnungs-

widerstände", welche der Erregerwickelung vorzuschalten sind. Soll
diese Vorrichtung bei dem in Fig. 28 gezeichneten Motor benutzt
werden, so sind die Verbindungen AD und BC zu lösen, und statt
dessen sind die Punkte A oder B in Fig. 28 mit A, B in Fig. 29,
und ferner die Punkte C und D der einen Figur mit den gleich
bezeichneten der andern zu verbinden.

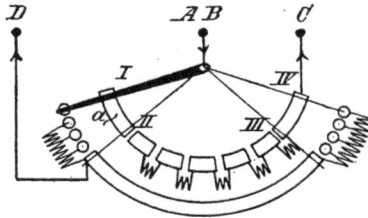

Fig. 29.

Solange sich die metallische Kurbel in der Stellung I befindet,
liegt sie im inneren Kreise auf Stück a, das aus Isolationsmaterial besteht, und im äusseren auf einem Leerkontakt; sowohl der Ankerstrom
wie auch der Erregerstrom sind also unterbrochen. Wird die Kurbel
in die Lage II gebracht, so liegt sie innen noch auf Isolation, aussen
auf dem langen Mittelkontakt. Nach C, d. h. zum Anker hin besteht
also noch keine Verbindung; dagegen kann der Strom der über A, B
in die Kurbel eintritt, von dem Mittelkontakt der äusseren Reihe
nach D, von da in die Erregerwickelung und durch die obere
Leitung (Fig. 28) zur Quelle zurück. In Zwischenstellungen zwischen
I und II bestreicht die Kurbel die linken Kontakte der äusseren
Reihe, und der Strom muss, bevor er D und die Erregerwickelung erreicht, noch die zwischen diesen Kontakten liegenden
Oeffnungswiderstände durchfliessen. Bei der Bewegung von I nach II
wird also der Erregerstrom geschlossen und langsam auf seinen
richtigen Werth gebracht. Dreht man die Kurbel weiter von II
nach III, so ändert sich der Erregerstrom nicht, denn er fliesst von
jeder Stelle des äusseren Mittelkontaktes ohne merkliche Wider-
standsvermehrung nach D. Gleichzeitig bestreicht die Kurbel auch
die inneren Kontaktstücke. Indem sie das an äusserster Stelle links
gelegene berührt, kann der Strom von der Kurbel aus durch die
ganze Reihe der Anlasswiderstände nach C und in den Anker, und
von dort über die obere Leitung (Fig. 28) zur Quelle zurückkehren. Je

weiter sich die Kurbel dann der Stellung III nähert, desto weniger
Anlasswiderstände braucht der Strom zu durchfliessen, um nach C
zu gelangen. Bei Stellung III ist der Anlasswiderstand ganz ausgeschaltet und der Motor läuft mit voller Geschwindigkeit. Bei
weiterer Drehung nach Stellung IV bleibt dem Ankerstrom der
Weg über C direkt zum Anker, der Erregerstrom muss dagegen
zunächst durch die Widerstände fliessen, die rechts zwischen den
Kontakten der äusseren Reihe liegen. Diese Widerstände dienen
also zur Regulirung der Tourenzahl. Beim Abstellen des Motors
wird die Kurbel wieder nach Stellung I zurückgedreht, und dabei
werden zunächst der Ankerstrom und dann der Erregerstrom langsam
vermindert und schliesslich ausgeschaltet.

Die Regulirwiderstände für den Strom in den Magnetspulen
sind bei diesen Anlassern gewöhnlich grösser als zur Konstanthaltung
der Drehungszahl nothwendig ist und ermöglichen eine Touren-
erhöhung von etwa 15 %. Selbstverständlich kann man durch
Vorschaltung besonderer noch grösserer Widerstände vor die Erregerwickelung für specielle Betriebszwecke die Geschwindigkeit
willkürlich in noch weiterem Umfange steigern. Da aber J_a zur
Aufrechterhaltung gleicher Zugkraft in demselben Maasse zunehmen
muss, wie N vermindert wurde, so müssen in solchen Fällen Motoren
mit entsprechend höherer Stromaufnahmefähigkeit, also grösserer
Normalleistung verwendet werden. Bei dieser Methode der Ge-
schwindigkeitsvariirung hat also bei kleinster Tourenzahl N seinen
höchsten Werth und bei grösster Tourenzahl J_a, so dass in keinem
Falle das Konstruktionsmaterial von Anker und Magnetgestell gleichzeitig vollkommen ausgenutzt wird. Der Wirkungsgrad ist aber von
der Drehungszahl v so gut wie unabhängig, denn bei kleinem v, wo
eine höhere Stromstärke J_n in der Schenkelwickelung zur Magnetisirung aufzuwenden ist, wird der Verlust $E_p J_n$ in dieser Wickelung
grösser, während bei grossem v der Ankerverlust $J_a{}^2 w_a$ höhere
Werthe annimmt. Beides gleicht sich ungefähr aus, da beide Verluste
für mittlere Belastung von gleicher Grössenordnung sind. Eine
weitere Eigenschaft dieses Regulirverfahrens ist, dass die einmal
eingestellte Tourenzahl — wie immer beim einfachen Nebenschluss-
motor — von der Belastung unabhängig bleibt.

Um die mangelhafte Ausnutzung des Constructionsmaterials zu
vermeiden, hat man versucht, die Vergrösserung der Tourenzahl, statt
durch eine Verkleinerung der Polstärke N, durch eine Verminderung der

Ankerwindungszahl n zu erreichen, was nach Grundgesetz II möglich sein muss. Will man z. B. die Tourenzahl auf das Doppelte erhöhen, so braucht man die Hälfte der Ankerwindungen nicht völlig abzuschalten, sondern kann sie so wieder zuschalten, dass je zwei bei einander liegende Windungen, die früher „hinter einander", d. h. so geschaltet waren, dass sie nach einander von demselben Strome durchflossen wurden, jetzt „parallel", d. h. so geschaltet werden, dass der Strom, der sie durchfliessen will, sich in zwei gleiche Theile verzweigen muss. Jetzt nimmt der Anker den doppelten Strom auf, jede Windung führt aber denselben Strom wie früher, um dasselbe Drehmoment nach Grundgesetz III aus-zuüben. Nach der Umschaltung wirken je zwei parallel geschaltete Windungen wie eine einzige von doppelter Dicke. Für die Induktion der elektromotorischen Gegenkraft ist also nur die halbe Windungszahl vor-handen, und der Anker muss doppelt so schnell laufen. Bei diesem Ver-fahren würde also sowohl die Stromaufnahmefähigkeit der einzelnen Anker-drähte, wie auch die Magnetisirbarkeit des Magnetgestelles bei allen Tourenzahlen in gleicher Weise ausgenutzt. Praktisch kann man die Me-thode dadurch vereinfachen, dass man nicht je zwei einzelne Windungen, sondern ganze Gruppen umschaltet. Trotzdem führt die Umschaltung am laufenden Anker zu komplicirten Constructionen, welche nur wenige Touren-stufen einzurichten gestatten. Aus diesem Grunde wohl hat sich dieses Verfahren bisher nur wenig verbreitet.

Auch eine Herabdrückung der Drehungszahl ist beim Neben-schlussmotor mit den einfachsten Mitteln möglich. Man braucht nur dem Anker einen entsprechenden Widerstand ϱ dauernd vorzuschalten. Grundgesetz I kommt dadurch auf die Form:

$$E_p = J_a \, (w_a + \varrho) + e$$

d. h. der Motor hat nur eine geringere elektromotorische Gegenkraft zu entwickeln, und seine Tourenzahl muss abnehmen. In demselben Maasse wie $J (w_a + \varrho)$ gegenüber e künstlich vergrössert wird, nimmt aber auch in der Bilanzgleichung

$$E_p \, J_a = J_a{}^2 \, (w_a + \varrho) + e \, J_a$$

der Verlust $J_a{}^2 \, (w_a + \varrho)$ gegenüber der Leistung $e \, J_a$ zu, welche in mechanische umgesetzt wird. Der Wirkungsgrad des ganzen Motors geht also in demselben Maasse herab, wie die Tourenzahl. Natür-lich kann man an Stelle von ϱ auch den Anlasswiderstand des Mo-tors benutzen, da dieser ebenfalls dem Anker vorgeschaltet is. Die gewöhnlichen Anlasser sind indess nur für die kurze Einschaltdauer während des Anlaufsvorganges dimensionirt und können den Anker-

strom ohne zu starke Erhitzung nicht dauernd ertragen; sie müssen
also für Tourenregulirung besonders eingerichtet werden.

Grössere Motoren pflegt man häufig, sehr grosse Motoren stets
mit „Flüssigkeitswiderständen" anzulassen, weil Drahtanlasser zu
grosse Dimensionen erhalten müssten. Ein Flüssigkeitswiderstand
besteht aus einem Wasserbade, welches durch Auflösung von Pott-
asche oder Soda leitend gemacht ist und welchem der Strom durch
je eine eintauchende Blechplatte zu- und abgeleitet wird. Im einzelnen in der Konstruktion verschieden, werden diese Widerstände
alle dadurch regulirbar gemacht, dass man die Blechplatten mehr
oder weniger tief eintaucht und daher dem Strom in der Flüssigkeit einen mehr oder weniger grossen Querschnitt bietet. Solche
Anlasswiderstände werden zwischen B und C (Fig. 28) statt der
direkten Verbindungsleitung vor den Anker geschaltet. Zwischen A
und D kommt wie gewöhnlich der Tourenregulirwiderstand, welcher
hier gleichzeitig als „Oeffnungswiderstand" benutzt werden kann.
Für besondere Zwecke, wo automatisches Anlassen nothwendig ist,
wie z. B. bei Aufzügen, sind besondere Anlasser konstruirt worden,
bei denen der Anlasswiderstand durch irgend eine von dem Aufzugs-
wärter ausgelöste äussere Kraft automatisch ausgeschaltet wird. Für
die Ausführung dieses Princips giebt es viele Möglichkeiten. Die Firma
Schuckert verwendet u. a. einen Hilfsmotor, Siemens & Halske
benutzen einen Centrifugalregulator und bei den Anlassern der A.E.-G.
wird durch einen Zug am Steuerseil eine durch ein Gesperre gehal-
tene Bürste freigegeben, welche, durch eine Ankerhemmung zurück-
gehalten, an der vertikal gestellten Kontaktreihe der Anlasswiderstände
langsam heruntergleitet. Auch für automatische Tourenregulirung
sind zahlreiche Konstruktionen vorhanden, bei denen der Regulirhebel durch eine von der vorhandenen Tourenzahl abhängige Kraft
automatisch gedreht wird.

Einen Nebenschlussmotor von der in Fig. 28 dargestellten Schaltung kann man ohne Weiteres auch als Generator benutzen, indem
man die Erregerwickelung nach wie vor von einer besonderen Stromquelle aus speist, und den Anker, wie beim Magnetgenerator, künstlich durch eine Kraftmaschine dreht. Die auf S. 63 dargestellten
Gesetze des Magnetgenerators gelten hier unverändert ebenfalls.

Bekanntlich ist aber die Erregung des Generators durch eine
äussere Quelle nicht nothwendig, denn die modernen Gleichstrom-

maschinen erregen sich selbst. Die Betrachtung dieses Vorganges geschieht am einfachsten an der Hand von Fig. 30a, in welcher die Schaltung der Fig. 28 mit der einzigen Abweichung schematisch wiederholt ist, dass die Erregerwickelung nicht wie früher an die Zuleitungen von der Stromquelle, sondern an die Ankerklemmen angeschlossen ist.

Der Uebergang vom Motor zum Generator ergiebt sich, wenn man die Verbindungen mit der Stromquelle bei A und F löst und zwischen A und F (Fig. 30b) einen Widerstand schaltet. Soll die Maschine bei künstlicher Drehung im Sinne der früheren Drehung des Motors jetzt Strom in diesen Widerstand liefern, so müssen offenbar zwei Bedingungen erfüllt sein. Erstens muss von der Magnetisirung der Motorpole bei der Umschaltung so viel zurück-

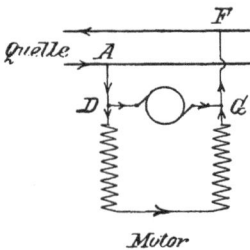

Motor
Fig. 30 a.

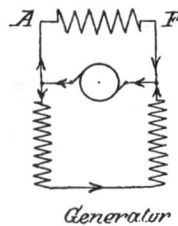

Generator
Fig. 30 b.

bleiben, dass bei der künstlichen Drehung im Anker noch eine merkliche E.M.K. inducirt wird. Der dadurch im Anker erzeugte Strom verzweigt sich dann nach Fig. 30b in die Erregerwickelung und in den äusseren Widerstand. Zweitens muss aber der nunmehr in die Erregerwickelung hineingeschickte Strom die alte Magnetisirung unterstützen und erhöhen.

Die erste Bedingung erfüllt sich durch die Erscheinung des „remanenten“ Magnetismus, welche darin besteht, dass ein magnetisirtes Eisenstück seinen Magnetismus nie völlig wieder verliert, wenn die erregende Kraft aufhört. Die Ausnutzung dieses Phänomens zur Selbsterregung der Generatoren ist bekanntlich eine der Grossthaten von Werner Siemens, welcher diesen Gedanken als „dynamoelektrisches Princip“ im Jahre 1867 der Berliner Akademie der Wissenschaften vortrug.

Die zweite Bedingung ist zunächst eine solche der Schaltung, d. h. des richtigen Anschlusses der Erregerwickelung an den Anker.

Die Verbindung beider muss offenbar so geschehen, dass der Erregerstrom Kraftlinien von derselben Richtung wie die remanenten in
den Magnetschenkeln erzeugt. Aber auch wenn diese Forderung
erfüllt ist, kann eine Verstärkung der Magnetisirung nur erreicht
werden, wenn dem wirksamen Erregerstrome nach der Magnetisirungskurve des Eisengestelles (Fig. 13 S. 35) eine höhere Kraftlinienzahl als
die remanente entspricht. Ist dies der Fall, so erhöhen der Magnetismus und der von ihm inducirte Strom gegenseitig ihre Stärke bis zu
einem Gleichgewichtszustande. Die modernen Magnetgestelle erfüllen
diese Bedingung fast ausnahmslos. Nur bei kleinen Typen liegt
wegen des verhältnissmässig grossen Luftzwischenraumes zwischen
Magnetpolen und Anker die Magnetisirungskurve häufig so niedrig,
dass eine Selbsterregung nicht eintritt. Sehr kleine Generatoren,
welche heutzutage allerdings nur selten verwendet werden, stattet
man daher besser mit permanenten Magneten aus.

Wenn also die Aufgabe gestellt wird, einen Nebenschlussmotor,
dessen Schenkelwickelung die Bedingungen der Selbsterregung erfüllt,
zu einem Nebenschluss-Generator herzurichten, so muss nur noch
die Frage beantwortet werden, ob der Sinn des Stromflusses in der
Erregerwickelung der richtige wird, wenn der Anschluss dieser
Wickelung an den Anker derselbe bleibt, wie beim Motor, oder ob
man etwa die angeschlossenen Enden mit einander vertauschen
muss. Dabei möge vorausgesetzt werden, dass der Anker bei beiden
Betriebsarten denselben Drehungssinn behalte. Da in diesem Falle
im Anker des Generators ein Strom vom entgegengesetzten Sinne
inducirt wird, als er in den Motoranker hineingeschickt werden
musste, so fliesst der Ankerstrom in Fig. 30b von rechts nach links,
während er in Fig. 30a von links nach rechts fliesst. Die Stromrichtung in der Erregerwickelung ergiebt sich nun bei beiden aus
Folgendem: Beim Motor verzweigt sich der von aussen (A) zugeführte Strom als Hauptstrom in Anker und Erregerstrom; beim Generator dagegen ist der Ankerstrom der Hauptstrom, weil der Anker
die Stromquelle bildet, und der Erregerstrom und der nach aussen
geführte sind seine Zweigströme. Hält man dies fest und zugleich
die obige Bemerkung über die Verschiedenheit der Stromrichtung
im Anker von Motor und Generator, so erkennt man aus Fig. 30a und b
leicht, dass der Strom in der Erregerwickelung bei beiden im gleichen
Sinne, in den nach aussen führenden Leitungen aber im umgekehrten
Sinne fliessen muss. Mit der gleichen Richtung des Magnetisirungs-

stromes ist aber auch die zweite Bedingung für die Selbsterregung erfüllt, und es gilt der Satz, dass eine Nebenschlussmaschine, welche als Motor gelaufen ist, in gleichem Sinne durch äussere Kraft gedreht, sofort auch als Dynamo benutzt werden kann und dann Strom von entgegengesetzter Richtung nach aussen liefert, als ihr vorher von aussen zugeführt werden musste.

Selbstverständlich kann eine Nebenschlussmaschine darnach auch ohne Zusammenhang mit ihren Eigenschaften als Motor jederzeit als selbständige Stromquelle benutzt werden, wenn die Feldmagnete nur ein einziges Mal in passender Weise durch eine äussere Stromquelle erregt worden sind. Diese Umkehrbarkeit hat auch für die reine Motorentechnik hervorragendes Interesse, weil daraus die Möglichkeit der Kraftrückgabe und andere Betriebsvortheile gewonnen werden können, auf die im Abschnitt IX zurückzukommen ist. Im Folgenden sollen deshalb die Eigenschaften der Nebenschluss-Dynamos kurz besprochen werden.

Wird ein Generator nicht durch sich selbst, sondern von aussen her durch einen besonderen Strom erregt, so ist seine Spannungscharakteristik natürlich gleich derjenigen der Magnetmaschine von derselben Polstärke N; die inducirte E.M.K. e ist also, wie N, konstant und die Spannung E_p an den Bürsten nimmt wegen des im Anker auftretenden Spannungsabfalles linear ab (Fig. 27 b S. 62). Die Nebenschluss-Dynamo aber unterscheidet sich von dem Magnetgenerator dadurch, dass bei ihr N nicht konstant, sondern von der Ankerspannung E_p abhängig ist. Da die Erregerwickelung direkt an die Ankerklemmen angeschlossen ist, so ist E_p auch die Spannung, welche der Erregerwickelung zur Verfügung steht, und der Strom in der letzteren wird, wenn ihr Widerstand w_n ist

$$J_n = \frac{E_p}{w_n}.$$

Mit E_p wird also bei einem Nebenschluss-Generator auch die Magnetisirung der Feldmagnete geringer, und daher muss auch e, die inducirte E.M.K., mit wachsender Stromentnahme abnehmen. Zu dieser Abnahme von e kommt aber auch hier natürlich noch der Spannungsabfall im Anker hinzu, so dass E_p aus doppeltem Grunde mit zunehmender Stromstärke sich vermindert und schneller als linear abnimmt[1]). Bei modernen Maschinen ist E_p bei voller Belastung

---

[1]) Dazu kommt noch, in demselben Sinne wirkend, der Einfluss der

etwa um 8—12% geringer als bei Leerlauf, d. h. als wenn nach aussen kein Strom entnommen und der ganze Ankerstrom in die Erregerwickelung der Magnetschenkel geschickt wird.

Die Theorie der Nebenschluss-Dynamo giebt aber ein einfaches Mittel, auch diesen Spannungsabfall durch Nachreguliren noch zu beseitigen. Wenn man nämlich in den Weg des Erregerstromes einen Regulirwiderstand einschaltet, welcher mit wachsender Belastung der Maschine immer mehr verkleinert wird, so kann man dadurch den Erregerstrom nicht nur auf konstanter Höhe erhalten, so dass e konstant bleibt, sondern sogar so weit vergrössern, dass e steigt, der Spannungsabfall im Anker dadurch gedeckt wird und E_p unveränderlich bleibt.

Die Verwendung eines solchen Nebenschlussregulators bildet das übliche Regulirverfahren für alle Betriebe mit „Parallelschaltung", bei bei denen ein Leiterpaar oder ein ganzes Vertheilungsnetz unter konstanter Spannung gehalten und die Consumstellen einzeln daran angeschlossen werden (S. 57). Da diese Stromvertheilung die übliche ist, so hat die Nebenschlussmaschine von allen Gleichstromquellen die grösste Bedeutung gewonnen.

---

sogenannten Ankerrückwirkung, auf welche im Abschnitt XI eingegangen werden wird, und andere sekundäre Erscheinungen.

VII. Hauptstrom-Motor und Hauptstrom-Generator.

Die im vorangehenden Abschnitt besprochene Erregungsart des Motors wird dadurch charakterisirt, dass ausser dem Ankerstrom der Quelle noch ein „Nebenschluss"strom entnommen und den Schenkelwickelungen zugeführt wird. Statt eines solchen Zweigstromes kann man natürlich auch den Ankerstrom selbst zur Erregung verwerthen,

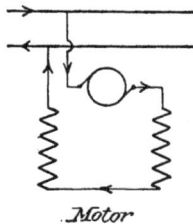 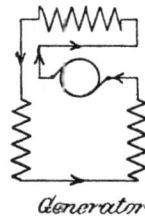

Motor

Fig. 31 a.

Generator

Fig. 31 b.

indem man ihn vor oder nach dem Durchfliessen des Ankers durch die Schenkelwickelung strömen lässt. Ein so geschalteter Motor wird in Fig. 31a schematisch dargestellt und heisst Hauptstrom- oder Serien-Motor. Für ihn ergeben sich folgende Betriebseigenschaften:

Anlauf.

Bei dem Magnetmotor ist nachgewiesen worden, dass jeder Motoranker beim Anlaufen unter konstanter Spannung sehr starke Ströme aufnimmt, wenn diese nicht durch Anlasswiderstände herabgedrückt werden. Das Drehmoment, welches nach Grundgesetz III des Elektromotors proportional dem Ankerstrom J wächst, wird bei Hauptstrommotoren ganz besonders gross, weil die beim Anlauf auf-

tretenden starken Ankerströme auch die Magnetschenkel umfliessen
und auch die Polstärke N, also den zweiten für die Grösse des Drehmoments entscheidenden Faktor sehr hoch treiben. Der Hauptstrommotor hat also die Tendenz, mit ganz besonders grosser Zugkraft anzulaufen.

Wie beim Magnetmotor und beim Nebenschlussmotor, so kann
allerdings auch beim Hauptstrommotor in der Regel nicht die volle
Zugkraft zum Anlauf ausgenutzt werden, welche er herstellen könnte,
wenn er ohne Vorschaltwiderstand an die volle Betriebsspannung
angeschlossen würde. Aus den früher angegebenen Gründen würde
der Strom auch bei diesem Motortypus zu gross werden. Nur kleine
Ventilator-Motoren pflegt man ohne Anlasswiderstand direkt an das
Netz zu legen.

Trotz dieser Beschränkung sind die Hauptstrom-Motoren den
anderen Typen gegenüber in Bezug auf ihr Anlaufsmoment wesentlich überlegen. Für die kurze Zeit des Anlaufs kann man eine beträchtlich grössere Stromstärke zulassen als für den Dauerbetrieb,
und so kann auch die Polstärke vorübergehend sehr gesteigert
werden. Denselben Grad der magnetischen Sättigung wie bei Anlauf
der Hauptstrommotoren könnte man allerdings auch bei Nebenschlussmotoren erreichen, wenn man die Schenkelwickelung darnach ein-
richtete. Da aber beim Nebenschluss-Typus die Erregerwickelung für
sich allein an das Stromvertheilungsnetz angeschlossen wird und der
Erregerstrom mit dem Ankerstrome in keinem Zusammenhange steht,
so müsste diese Wickelung von vorn herein so dimensionirt werden,
dass sie eine hohe Ampèrewindungszahl liefern könnte. Dies wäre
nur möglich unter Anwendung von verhältnissmässig vielem Draht und
vielem Strom. Die Dimensionen solcher Nebenschlussmotoren würden
also gross, und die speciell für den Anlauf geschaffenen Verhältnisse
wären für den Dauerbetrieb nicht günstig. Wollte man den laufenden Motor mit dem beim Anlauf benutzten Sättigungsgrad dauernd
arbeiten lassen, so verbrauchte die Erregung unverhältnissmässig viel
Energie, denn hohe Sättigungsgrade lassen sich wegen des langsamen
Steigens der Magnetisirungskurve in ihrem Bereiche nur unter Aufwand von vielen Ampèrewindungen herstellen. Nicht zweckmässiger
aber wäre es, den Erregerstrom des Anlaufs im Betriebe durch
Widerstände herabzudrücken, da dann das Konstruktionsmaterial
vollends nicht ausgenützt würde. Beim Hauptstrom-Motor dagegen
schafft der hohe Ankerstrom, indem er auch die Schenkel umfliesst,

die günstigen Anlaufsverhältnisse vorübergehend ganz von selbst, ohne dass die für den Betrieb bestimmte Dimensionirung deshalb verändert zu werden brauchte. Für den modernen Serienmotor liegen die Verhältnisse etwa so, dass er bei vorübergehender anderthalbfacher Stromaufnahme ungefähr das Doppelte der normalen Zugkraft zu entwickeln vermag, während beim Nebenschluss-Motor nach den früheren Betrachtungen die Zugkraft nur in demselben Maasse zunimmt wie der Strom.

Strom- und Energieaufnahme des laufenden Motors.

Aus der Bilanzgl. (33) für den laufenden Nebenschlussmotor ergiebt sich ohne Weiteres die entsprechende für den Hauptstrom-Motor, wenn man den Effektverlust in der Nebenschlusswickelung $E_p J_n$ ersetzt durch denjenigen in der Hauptstromwickelung. Ist der Widerstand der letzteren w_h , so ist die von ihr sekundlich verzehrte Energie $J^2 w_h$, und die Bilanzgleichung des Hauptstrom-Motors wird

$$A = E_p J = J^2 w_a + J^2 w_h + L + A_n \,.$$

Diese Substitution ist nicht ohne Bedeutung für die Oekonomie des Betriebes, denn $E_p J_n$ bildet einen von der Belastung des Motors unabhängigen Verlust, während $J^2 w_h$ mit der Stromaufnahme, also mit der Leistung des Motors zunimmt. Für kleinere Belastungen müsste also der Wirkungsgrad des Hauptstrom-Motors relativ günstiger sein als der des Nebenschluss-Motors. Diese Erscheinung wird aber verdeckt durch die Veränderlichkeit der mechanischen Arbeitsverluste des ersteren mit der Leistung, welche in der grossen Veränderlichkeit der Tourenzahl ihren Grund hat.

Die Tourenzahl und ihre Regulirung.

Die Abhängigkeit der Tourenzahl von der Stromaufnahme des Motors ergiebt sich aus der als erstes Grundgesetz festgelegten Bedingungsgleichung für die E.M. Gegenkraft einerseits und der Magnetisirungskurve des Motors andererseits.

Setzt man den Gesammtwiderstand des Hauptstrom-Motors

$$w_a + w_h = w_m \,,$$

so wird das erste Grundgesetz

$$E_p = J w_m + e$$

oder

$$e = E_p - J w_m^\cdot,$$

d. h. bei Betrieb mit konstanter Spannung E_p, der wieder vorausgesetzt werden soll, muss der Motor sich so einlaufen, dass e mit wachsender Stromaufnahme linear abnimmt. Die dazu nach Grundgesetz II nothwendige Tourenzahl v ändert sich aber mit der Stromstärke sehr beträchtlich, da hier die Polstärke N nicht mehr konstant, sondern in den weitesten Grenzen variabel ist. Man erkennt den Zusammenhang von v und J sofort, wenn man sich die Gestalt der Magnetisirungskurve des Motors vergegenwärtigt, deren typisches Bild in Fig. 13 S. 35 dargestellt ist. Fig. 13 giebt die Abhängigkeit der Polstärke N eines Maschinengestelles von der Amperewindungszahl auf den Schenkeln wieder. Wenn die Windungszahl der Erregerwickelung konstant bleibt, ist dies bis auf den Maassstab auch die Kurve für den Zusammenhang zwischen N und dem Schenkel- oder Ankerstrom. Die Gestalt dieser Magnetisirungskurve möge dargestellt werden durch die Funktion

$$N = f(J), \quad \ldots \ldots \ldots \text{(IV)}$$

welche als die vierte Grundgleichung des Hauptstrom-Motors betrachtet werden kann. Da aber diese Funktion mathematisch nicht ausdrückbar ist, müssen alle Schlussfolgerungen aus ihrer Eigenart an der Hand der Fig. 13 gezogen werden.

Um bei zunehmender Stromstärke eine linear abnehmende elektromotorische Gegenkraft e entwickeln zu können, muss der Motor nach Grundgesetz II sich so einlaufen, dass das Produkt $N v$ ebenfalls linear abnimmt. Trägt man $N v$ statt e in Funktion von J als eine abfallende Gerade auf (Fig. 32) und in dasselbe Koordinatensystem auch die Werthe von N als Funktion von J nach Fig. 13, so kann man für jeden Werth von J sofort den entsprechenden Werth von $N v$ und von N übersehen und daraus v ableiten. Betrachtet man z. B. den Werth $J = \overline{OA}$, so ist hierfür $N v = \overline{AB}$ und $N = \overline{AB'}$, also $v = \overline{AB} : \overline{AB'}$, d. h. der Quotient aus den Ordinaten beider Kurven giebt den direkten Maassstab für die Tourenzahl.

Darnach muss v bei sehr grossen Stromaufnahmen des Motors sehr gering, bei kleinen aber sehr gross werden und im Ganzen sich nach der mit negativen Ordinaten aufgetragenen hyperbelartigen Kurve v (Fig. 32) verändern. Sachlich bedeutet dies, dass der Motor bei grossen Stromaufnahmen und Leistungen eine so starke

Magnetisirung erfährt, dass der Anker nur wenige Touren zu machen braucht, um die vorgeschriebene E.M.K. zu entwickeln, während bei kleinen Stromstärken die Polstärke nur so gering wird, dass es sehr grosser Geschwindigkeit des Ankers bedarf, um jene Werthe von e zu erzeugen. Als Ergebniss dieser Betrachtung kann also festgestellt werden, dass ein Hauptstrom-Motor, mit konstanter Spannung gespeist, bei grossen Belastungen langsam läuft, bei kleinen dagegen die Tendenz hat, durchzugehen. Die Kurve v pflegt als die Geschwindigkeitscharakteristik des Motors bezeichnet zu werden.

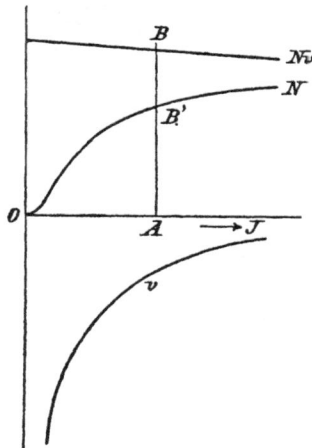

Fig. 32.

Als typisch für die Grösse der Veränderung von v bei modernen Hauptstrom-Motoren können die folgenden Zahlen gelten:

Bei der 2,5 1,7 1 0,65 0,35 0,15fachen normalen Zugkraft erreicht v den 0,8 0,88 1 1,12 1,35 1,8 fachen normalen Werth.

Man kann die Drehungszahl des Motors freilich auch bei kleinen Leistungen wesentlich herabdrücken, indem man durch Vorschaltung eines Widerstandes vor denselben die zu entwickelnde E.M. Gegenkraft vermindert. Hat dieser Widerstand den Werth ϱ, so wird nach dem ersten Grundgesetze

$$e = E_p - J(w_m + \varrho)$$

Den Einfluss der Vorschaltung verschiedener Regulirwiderstände ϱ vor den Motor kann man am einfachsten überblicken, wenn man für

6*

jedes ϱ die lineare Abnahme von e mit wachsendem J einzeln graphisch darstellt (Fig. 33) und zu jeder solcher Geraden die zuge-hörige Geschwindigkeitscharakteristik zeichnet. Man erkennt leicht, dass durch passende Sprünge von einem Widerstand zum anderen — wie in Fig. 33 in der Kurve für v angedeutet — über den grössten Theil des Belastungsbereiches des Motors eine annähernd konstante Tourenzahl erreicht werden kann.

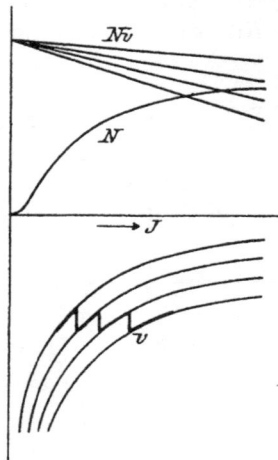

Fig. 33.

Das Durchgehen des Motors bei völliger Entlastung lässt sich allerdings auch durch die Vorschaltung sehr grosser Widerstände ϱ nicht vermeiden, weil dabei wegen der geringen Stromaufnahme der Spannungs-abfall $J\,(w_m + \varrho)$ doch nur gering wird und eine grosse E.M. Gegen-kraft bei der von J erzeugten geringen Felderregung herzustellen übrig bleibt. Man soll daher Hauptstrom-Motoren nur in direkter und unlösbarer Kupplung mit denjenigen Maschinen benutzen, welche von ihnen angetrieben werden, und nur in solchen Fällen verwenden, wo selbst der Leerlauf dieser Maschinen noch keine völlige Ent-lastung des Motors bedeutet.

Bei der Erwähnung dieser Einschränkung in der Verwendbar-keit des Hauptstrommmotors möge noch einmal auf den Vorzug seiner grossen Anlaufzugkraft hingewiesen werden. Da der Widerstand ϱ dem ganzen Motor vorgeschaltet wird, so kann er gleichzeitig als

Anlasser und Regulator benutzt werden, wenn er für dauernde Strom-
führung genügend dimensionirt wird. Die Steuerung des Motors
kann also in denkbar einfachster Weise durch einen einzigen Hebel
geschehen.

   Die im Vorangehenden geschilderte Regulirmethode hat den
Uebelstand, dass in den Vorschaltwiderständen ϱ sekundlich die
elektrische Arbeit $J^2 \varrho$ Watt verloren geht und daher der Wirkungsgrad des Motors herabgedrückt wird. Um dies zu vermeiden, regulirt
eine andere Methode die Tourenzahl dadurch, dass der Widerstand
des Motors selbst verändert wird. Zu diesem Zwecke wird die
Erregerwickelung aus mehreren Spulen zusammengesetzt, welche entweder „in Reihe" (Fig. 34a) geschaltet werden, d. h. so, dass der

Fig. 34 a.

Fig. 34 b.

Ankerstrom sie alle hintereinander durchfliesst, oder „parallel"
(Fig. 34 b) d. h. so, dass der Ankerstrom nur Zweigströme in die
Spulen sendet. Sind im Ganzen m Spulen vorhanden und hat jede
Spule n Windungen, so ist bei Reihenschaltung offenbar die gesammte
auf die Magnete wirkende Ampèrewindungszahl $m\,n\,J$, bei Parallel-
schaltung dagegen, wo durch jede Spule nur der Strom $\dfrac{J}{m}$ fliesst,

beträgt diese Ampèrewindungszahl nur $m\,n\,\dfrac{J}{m} = n\,J$. Im ersteren
Falle ist daher die pro Ampère Strom entwickelte Polstärke N grösser
als im letzteren, und daher liegt die Magnetisirungskurve $N = f\,{\scriptstyle J})$
höher. Bei der praktischen Verwerthung dieser Regulirmethode pflegt
man aber neben der reinen Reihen- und der reinen Parallelschaltung
auch Zwischenschaltungen zu verwenden, bei denen die Spulen theilweise hintereinander und theilweise parallel geschaltet sind. Jede
dieser Schaltungen weist dann eine besondere Magnetisirungskurve
auf, die um so höher liegt, je mehr Spulen sich dabei „in Reihe"
befinden. In Fig. 35 sind diese Charakteristiken für den Fall von
4 verschiedenen Kombinationen der Spulen dargestellt; bei starker

Sättigung des Magnetgestelles nähern sich die verschiedenen Magnetisirungskurven einander natürlich wieder.

Mit den Schaltungen ändern sich andererseits auch die von dem
Motor zu entwickelnden E.M. Gegenkräfte entsprechend Grundgesetz I.
da sich der Widerstand w_m des Motors selbst ändert. Am grössten
ist dieser Widerstand offenbar bei Reihenschaltung, wo der ganze
Strom alle Erregerwindungen einzeln durchfliessen muss, am geringsten dagegen bei Parallelschaltung, da der Strom hier in den m

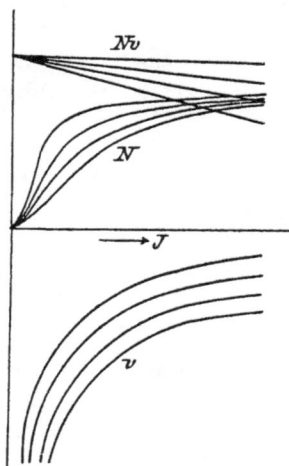

Fig. 35.

Spulen m verschiedene neben einander liegende Wege findet. Jeder
dieser Schaltungen entspricht also eine mit wachsender Stromstärke
linear abnehmende E.M. Gegenkraft, und die Abnahme von e wird
genau wie bei variabelen vorgeschalteten Widerständen durch je
eine abfallende Gerade dargestellt. In Fig. 35 sind wiederum
entsprechend Grundgesetz II die zu e gehörigen Kurven $N v$ gezeichnet. Dabei entspricht die am steilsten abfallende der reinen
Reihenschaltung und die am wenigsten geneigte der reinen Parallelschaltung. Kombinirt man nun wieder die zusammengehörigen Geraden
und Kurven zu je einer Geschwindigkeitscharakteristik v, so kommt
man zu demselben Ergebniss wie bei der Regulirung durch Vorschalt-
widerstände. Indem man bei geringster Belastung mit Reihenschaltung
beginnt, kann man durch stufenweise fortschreitenden Uebergang zur

Parallelschaltung die Tourenzahl bei steigender Motorleistung annähernd konstant halten. Bleibt die Belastung während des Betriebes konstant, so wird man mit Reihenschaltung „anfahren", weil dabei die höchste Magnetisirung und daher die höchste Zugkraft auftritt, und zur Steigerung der Geschwindigkeit allmählich in die Parallelschaltung übergehen.

Konstruktiv wird die Umschaltvorrichtung gewöhnlich so ausgeführt, dass man die Magnetspulen in drei Gruppen theilt und deren Enden A und E (Fig. 36) zu 6 Kontaktstücken führt, welche isolirt vertikal über einander angebracht werden. Diesen gegenüber steht mit vertikaler Achse eine isolirende Walze, welche durch eine

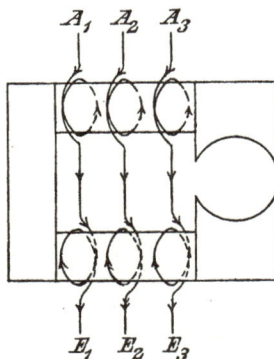

Fig. 36.

Kurbel gegen die feststehenden 6 Kontaktstücke gedreht werden kann. Auf die Aussenfläche dieser Walze werden andere passend gestaltete Kontaktstücke aufgesetzt, welche je nach der Walzenstellung die Enden von A und E verschieden mit einander verbinden. Federnde Klinken sorgen dafür, dass die Walze nicht an falschen Zwischenschaltungen stehen bleiben kann.

Fig. 37a zeigt eine Abwickelung der Walzenoberfläche mit den Kontaktstücken nach der Einrichtung von Sprague, und daneben die Reihe von 8 festen Kontakten, von denen die oberen 6 an die Enden der drei Spulengruppen und die unteren beiden an die Bürsten des Ankers angeschlossen sind. Das oberste Kontaktstück ist ausserdem mit der Stromzuleitung, das unterste mit der Rückleitung verbunden.

Durch diese Schalteinrichtung werden 7 verschiedene Verbindungen hergestellt, je nachdem die Vertikalen 1, 2, 3 . . . 7 vor der Mittellinie der rechts gezeichneten Kontakte stehen. Diese Schaltungen sind in Fig. 37 b der Reihe nach schematisch dargestellt. Es ist bei

Stellung I Spule 1, 2, 3 in Reihe

„   II   2, 3 in Reihe, 1 kurzgeschlossen

„   III   2, 3 in Reihe, 1 ausgeschaltet

„   IV   1, 2 parallel, 3 in Reihe

„   V   1, 2 parallel, 3 kurzgeschlossen

„   VI   1, 2 parallel, 3 ausgeschaltet

„   VII   1, 2, 3 parallel.

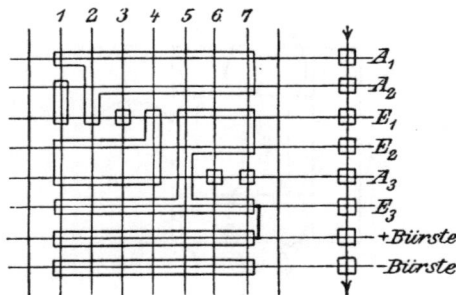

Fig. 37 a.

Wie die vorangehende Beschreibung lehrt, steht dem Vortheil dieses Regulirsystems, dass Energieverluste ausserhalb des Motors vermieden werden, der Nachtheil gegenüber, dass von jedem feststehenden Kontakt des Schalters eine besondere Leitung zum Motor gezogen werden muss, die Installation daher umständlich und theurer wird. Für Betriebe, bei denen die Kosten der elektrischen Energie hinter andere Betriebskosten zurücktreten, wie öfters z. B. bei elektrischen Bahnen, kann die einfachere Regulirmethode durch vorgeschaltete Widerstände den Vorzug verdienen.

Neben den geschilderten werden noch andere Regulirverfahren benutzt, die aber nach dem Vorangehenden leicht zu verstehen sind. So kann man z. B. parallel der Erregerwickelung einen regulirbaren Zweigwiderstand schalten, welcher dieser Wickelung um so mehr Strom entführt, je geringer sein eigener Werth gemacht wird. Wie

beim Nebenschlussmotor erhöht dann diese Verkleinerung des Erregerstromes die Tourenzahl.

Eine andere bei der gleichzeitigen Verwendung zweier Motoren
sehr brauchbare Regulirmethode besteht in einer Umschaltung der
ganzen Motoren. Schliesst man beide in Reihe an ein Netz von
der Spannung E_p an, so dass derselbe Strom hintereinander durch

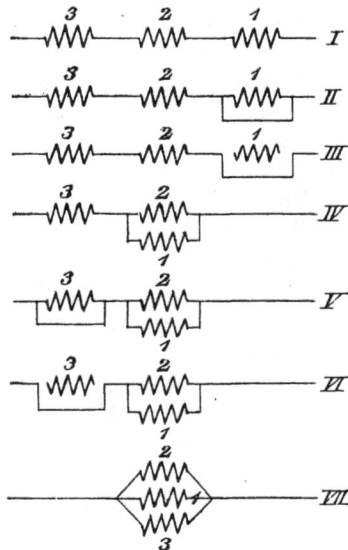

Fig. 37 b.

beide Motoren fliesst, so steht für jeden einzelnen die Spannung $\dfrac{E_p}{2}$
zur Verfügung und jeder Motor läuft sich ein auf eine E.M. Gegenkraft

$$e = \frac{E_p}{2} - J w_m$$

Schaltet man dagegen jeden einzeln an das Vertheilungsnetz an,
so wird

$$e = E_p - J w_m$$

Ein Strassenbahn-Motor z. B., welcher bei 500 Volt Spannung normal
25 Amp. aufnimmt und einen Widerstand $w_m = 2{,}5$ Ohm hat, entwickelt allein eine E. M. Gegenkraft $e = 500 - 62{,}5 = 437{,}5$ Volt,
in Reihenschaltung mit einem gleichen Motor aber $e = 250 - 62{,}5$

= 187,5 Volt. Wie e so ist also auch die Tourenzahl bei der Reihenschaltung weniger als halb so gross, wie bei der Parallelschaltung. Diese Methode wird bei elektrischen Bahnen vielfach verwandt, um den Regulirbereich zu vergrössern. Jeder Motor wird dabei natürlich einzeln noch mit Regulirwiderständen versehen.

Alles Schalten an Hauptstrom-Motoren während des Betriebes ist wegen der starken Ströme, welche die Schaltvorrichtungen dabei durchfliessen, gewöhnlich von kräftigen Funken begleitet. Diese oxydiren leicht die Kontakte oder schmelzen ihre Kanten ab. Zur Verhinderung dieses Schadens wird vielfach eine interessante magnetische Löschvorrichtung benutzt. Wenn man nämlich einen Magnetpol in die Nähe des Funkens bringt, so kann man zum Ausblasen des letzteren die elektromagnetische Kraft benutzen, welche er wie jedes Leiterstückchen im Felde des Magnetpoles erfährt. Wenn diese Kraft senkrecht zum Wege des Funkens wirkt, so stösst sie ihn aus seiner Bahn zwischen den Kontakten hinweg und bringt ihn so zum Erlöschen. Um eine elektromagnetische Kraft von dieser Richtung zu geben, muss nach der auf S. 40 gegebenen Fingerregel die magnetische Kraft des Poles senkrecht zur Funkenrichtung stehen.

Nachdem im Vorangehenden der Hauptstrom-Motor als solcher betrachtet worden ist, bleibt uns die Frage zu beantworten übrig, ob er auch, wie die Nebenschluss-Motoren, durch äussere Kraft künstlich angetrieben, als selbsterregender Generator arbeiten kann. Offenbar ist dies nicht ohne Weiteres der Fall, wenigstens nicht, wenn die Drehung des Generators im gleichen Sinne geschieht wie die des Motors. Man erkennt dies leicht, wenn man zunächst wieder Fig. 31 a betrachtet und dann den Motor vom Netze abgeschaltet und durch Widerstände geschlossen denkt (Fig. 31 b). Bei gleicher Drehrichtung entwickelt der Generator vermöge des remanenten Magnetismus wieder eine E.M.K. im Sinne der Gegenkraft des Motors, und ergiebt also einen Ankerstrom im umgekehrten Sinne als ihn der Motor aufnahm. Da dieser Strom aber auch die Erregerwickelung durchfliesst, so werden die Magnetschenkel sogleich entmagnetisirt und die Stromlieferung hört auf. Um den Hauptstrom-Motor zum Generator zu machen, muss man also, wenn die Drehrichtung dieselbe bleiben soll, die Erregerwickelung erst umschalten, d. h. ihre Anschlüsse mit einander vertauschen. Kann dagegen die Drehung umgekehrt geschehen, so liefert der Anker einen Strom von der

Richtung des Motorstromes, die alte Magnetisirung wird aufrecht erhalten, und es ist eine dauernde Stromlieferung ohne Umschaltung der Erregerwickelung möglich.

Die Abhängigkeit der E. M. K. des Hauptstrom-Generators von der Stromstärke, die er bei konstanter Tourenzahl liefert, ergiebt sich unmittelbar aus der Magnetisirungskurve. Wenn $N = f_{(J)}$ bekannt ist, so folgt daraus $e = N n v$ als eine Kurve von gleichem Charakter wie die Kurve von N, da n und v konstant sind. Die E. M. K. des Serien-Generators nimmt also mit der Stromstärke erst schnell und dann langsam zu, ist aber weit davon entfernt, konstant zu sein.

Man kann diese Eigenschaft des Stromerzeugers zu einer besonders einfachen und interessanten Betriebsweise des Motors ausnutzen, bei welcher der letztere einer Vorrichtung zur Touren-

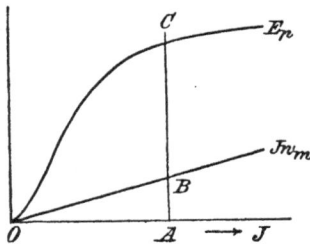

Fig. 38.

regulirung ganz entbehren kann. Der Grundgedanke dieses Verfahrens besteht darin, dass dem Motor von einem ähnlich gebauten Generator aus nicht mehr konstante Spannung, sondern bei allen Stromstärken, die er aufnimmt, eine solche Spannung zugeführt wird, dass er die ihm vorgeschriebene elektromotorische Gegenkraft bei konstanter Tourenzahl erzeugen kann.

Soll z. B. festgestellt werden, welcher Spannung ein Motor, dessen Magnetisirungskurve $N = f_{(J)}$ ist, bedarf, um bei allen Belastungen eine Tourenzahl v beizubehalten, so berechnet man zunächst e als Funktion von J nach Grundgesetz II und dann E_p nach Grundgesetz I und erhält

$$E_p = J w_m + N n v$$

In Fig. 38 ist für die Stromstärken $\overline{O A} = J$ zunächst $\overline{A B} = J w_m$ und dann von B aus $\overline{B C} = N n v$ aufgetragen und dadurch $A C = E_p$

gewonnen. Durch Wiederholung dieser Konstruktion für viele Werthe von J erhält man die gezeichnete Form für die Kurve E_p. Diese Kurve ist ihrem Charakter nach die Spannungskurve eines Hauptstrom-Generators. Wenn es gelingt, einen solchen gerade mit dieser Spannungskurve zu bauen, so muss also offenbar der Motor mit ganz konstanter Tourenzahl laufen.

Die Anforderungen an die Einrichtung des Generators für den vorliegenden Zweck möge unter der weiteren Annahme betrachtet werden, dass eine lange Fernleitung vom Widerstande w_e zwischen Motor und Generator liege und dass der Motor dennoch mit konstanter Tourenzahl laufen solle. Des Generators Widerstand sei w_g, und E sei seine E.M.K.; dann ist die Spannung an den Enden der Fernleitung, an die der Motor angeschlossen ist, da die Verluste von $J\,w_g$ und $J\,w_e$ von E abgehen:

$$E_p = E - J\,w_g - J\,w_e$$

oder

$$E = E_p + J\,w_g + J\,w_e$$

Für E ergiebt sich also aus einer analogen Figur wie Fig. 38 eine ähnliche Kurve wie dort für E_p.

Diese Kurve stellt eine Bedingung für den Generator auf, welche im Grunde nichts ist als eine solche für das magnetische Verhalten seines Eisengestells. Ist nämlich n_g die Drahtzahl auf dem Generatoranker und v_g seine konstante Tourenzahl, so erhält man eine Bedingung für seine Magnetisirungskurve aus der Gleichung

$$E = N_g\,n_g\,v_g\,.$$

Die Aufgabe, ein Magnetgestell mit gewünschter Magnetisirungskurve herzustellen, lässt sich aber unter Benutzung der Gesetze des magnetischen Kreises lösen.

Eine Anlage von der geschilderten Art kann natürlich der veränderlichen Spannung wegen nie gleichzeitig mit Beleuchtungsanschluss versehen werden. Das Verwendungsgebiet dieses Systems sind kleine Einzelanlagen mit reiner Kraftübertragung unter Verwendung einer Spannung von einigen hundert Volt. Gegenüber Wechselstrom und Drehstrom besteht dabei der Vortheil, dass man eine besondere Maschine zur Erregung des Generators entbehren kann.

Am Schlusse dieses Abschnitts erfolgt zur Erleichterung der Uebersicht noch eine kurze Gegenüberstellung der Eigenschaften von Haupt- und Nebenschlussmotoren beim Betriebe mit konstanter Spannung.

---

[1]) Vergl. Ernst Schulz, E. T. Z. v. 8. März 1894.

Nebenschluss-Motor.

Anlauf.

Die Zugkraft ist begrenzt durch den Maximalwerth der Ankerstromstärke, welche mit Rücksicht auf die Erwärmung zulässig ist. Das Anlaufsmoment übersteigt das normale Drehmoment im Betriebe in demselben Verhältniss wie die in der kurzen Anlaufszeit zulässige Stromstärke die dauernde.

Lauf.

Die Tourenzahl regulirt sich bei allen Belastungen bis auf wenige Procent selbst. Der geringe Abfall bei zunehmender Belastung kann durch Einschaltung von Regulirwiderständen in den Erregerstrom leicht beseitigt werden. Mit demselben Mittel lassen sich auch grössere Tourensteigerungen erreichen; wenn die Zugkraft dieselbe bleiben soll, müssen dann aber grössere Modelle verwendet werden. Der Wirkungsgrad ist bei diesem Regulirverfahren bei allen Tourenzahlen gleich; aber bei grossem Regulirbereich ist die Ausnutzung des Konstruktionsmaterials unvollkommen. Tourenerniedrigung kann man in beliebigem Umfange bei gleich bleibender Zugkraft durch Vorschaltung von Widerständen vor den Anker erreichen. Der Wirkungsgrad nimmt dann aber annähernd in demselben Maasse ab, wie die Tourenzahl.

Hauptstrom-Motor.

Anlauf.

Die Zugkraft ist ebenfalls begrenzt durch den zulässigen Maxiwerth des Ankerstromes. Da dieser aber auch die Magnetisirung der Schenkel besorgt, so steigert sich das Anfahrmoment aus doppeltem Grunde. Mit dem Hauptstrom-Motor kann man daher im Anfange höhere Anlaufszugkräfte erreichen als mit dem Nebenschluss-Motor. Bei anderthalbfacher normaler Stromaufnahme vergrössert sich die Zugkraft etwa auf das zweifache der normalen.

Lauf.

Der Motor läuft bei grossen Belastungen wesentlich langsamer als bei kleinen. Bei Leerlauf geht er durch. Mittels vorgeschalteter Regulirwiderstände oder durch Umschaltung der Erregerwickelung kann die Tourenzahl leicht annähernd konstant gehalten werden. Durch die erstere Methode wird der Wirkungsgrad bei kleinen Belastungen wesentlich herabgedrückt, durch die letztere dagegen wird er nur wenig beeinflusst. Beide Verfahren gestatten, die Tourenzahlen in den weitesten Grenzen zu variiren und sind dadurch praktisch sehr einfach, dass Anlassen und Reguliren durch dieselben Vorrichtungen mit einer und derselben Schaltkurbel bewirkt wird.

Das Verwendungsgebiet des Nebenschluss-Motors liegt darnach
überall dort, wo konstante Tourenzahl ohne viele Wartung verlangt
wird. Der Hauptstrom-Motor wird dagegen bei denjenigen Betrieben
mit Vortheil benutzt, wo hohe Anzugskraft mit einfacher Regulir-
barkeit der Tourenzahl im weitesten Umfange vereint sein muss, und
insbesondere da, wo grosse Zugkräfte bei kleinen Geschwindig-
keiten und kleine Zugkräfte bei raschem Laufe ausgeübt werden
sollen. Wegen seiner Neigung bei geringen Belastungen durchzugehen, sollte der Hauptstrom-Motor nur in direkter und unlösbarer
Kupplung mit der von ihm anzutreibenden Arbeitsmaschine verwendet werden.

VIII. Kompound-Motor und Kompound-Generator.

Das Regulirprincip des Nebenschluss - Motors, durch eine Schwächung des Magnetfeldes den geringen Tourenabfall ganz zu beseitigen, lässt sich zur Herstellung einer sehr einfachen Vorrichtung verwerthen, welche die Regulirung automatisch bewirkt. Die Nothwendigkeit nämlich, diese Schwächung in demselben Maasse fortschreiten zu lassen, wie die Leistung und auch die Stromaufnahme des Motors zunehmen, legt es nahe, den Motorstrom selbst zur Verringerung der Feldstärke zu benutzen. Man kann dies in einster Weise dadurch bewerkstelligen, dass man auf den Magnetschenkeln eine zweite Wickelung von wenigen Windungen anbringt und diese zwischen A und D (Fig. 28) und zwischen F und G statt der direkten Verbindungsleitungen einschaltet. Wenn man die Windungszahl dieser neuen Wickelung passend wählt und ihren Strom im umgekehrten Sinne um die Schenkel führt als den Strom der Nebenschlusswickelung, so kann man offenbar leicht erreichen, dass die Feldstärke bei allen Belastungen im gewünschten Maasse herabgedrückt wird. Auf diese Weise entsteht ein Motor, dessen Schaltung sich schematisch durch Fig. 39 darstellen lässt. Dieser Typus heisst der Kompound- oder Verbund-Motor.

Dem geschilderten Verfahren könnte der Vorwurf gemacht werden, dass die zweite Wickelung den Motor schwerer und theurer mache, und dass überhaupt das Princip, zwei gegeneinander wirkende Wickelungen zu benutzen, die beide elektrische Arbeit versehen, nicht rationell sei. Bedenkt man aber, dass die hinzugefügte Kompoundwickelung das Feld nur um so viele Procente zu schwächen hat, wie der Spannungsverlust im Anker gegenüber der Anker-Spannung beträgt (bis ca. 5 %), so erkennt man, dass diese Wickelung nur aus sehr wenigen Windungen zu bestehen braucht, und gegen die Nebenschlusswickelung zurücktritt. Auch beim einfachen Nebenschlussmotor kann die Regulirung der Tourenzahl nicht ohne

besonderen Aufwand von Konstruktionsmaterial erreicht werden.
Baut man z. B. zwei Nebenschlussmotoren für gleiche Leistung, die
bei voller Belastung gleiche Polstärke N und gleiche Stromaufnahme J
haben, und von denen der eine ohne und der zweite mit Regulirung
arbeiten soll, so muss der letztere bei Leerlauf eine um etwa 5 %
stärker Magnetisirung erhalten als bei voller Belastung, während
für den ersteren die Magnetisirung unverändert bleibt. Um dies
möglich zu machen, muss aber die Wickelung der Feldmagnete des
regulirbaren Motors von vorn herein für eine grössere Ampèrewindungszahl berechnet sein, wodurch sie etwas schwerer und theuerer
wird. Bei dem geringen Umfange des in Betracht kommenden Re-
gulirbereichs kann aber der Gewichtsunterschied nur sehr klein sein.

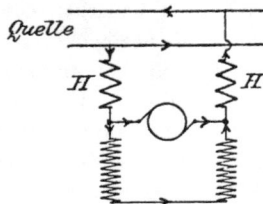 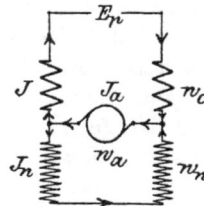

Fig. 39.   Fig. 40.

Nach dieser Feststellung möge die Frage untersucht werden,
ob ein Kompound-Motor, wenn er von seiner Stromquelle abgeschaltet, durch einen Widerstand geschlossen und im alten Sinne
künstlich weiter gedreht wird, imstande ist, Strom in diesen Widerstand hineinzuschicken, also ohne Umschaltung der Magnetwicklungen
als Generator zu dienen (Fig. 40). Die Beantwortung dieser Frage
ergiebt sich leicht, wenn man auf den Nebenschluss-Motor zurückgreift.
Von letzterem ist auf S. 76 nachgewiesen worden, dass er als Generator
einen Strom im entgegengesetzten Sinne nach aussen liefert, als ihm
zugeführt werden muss, wenn er als Motor in demselben Sinne
rotiren soll, dass aber sein Erregerstrom in beiden Fällen in
demselben Sinne fliesst. Beim Kompoundmotor verhält sich also
die den äusseren Strom führende Verbundwickelung anders als die
Nebenschlusswickelung. Während die Nebenschlusswickelung beim
Motor und Generator Strom in demselben Sinne führt, kehrt sich
die Stromrichtung bei der Kompoundwickelung um. Nimmt man
hinzu, dass beim Motor die Einrichtung so getroffen ist, dass sich
die magnetisirenden Kräfte beider Wicklungen subtrahiren, so er-

kennt man, dass sie sich beim Generator addiren müssen. Da also die Nebenschlusswickelung von der Kompoundwickelung unterstützt wird, so ist es selbstverständlich, dass der Strom des Kompoundgenerators in derselben Richtung nach aussen fliessen muss, wie bei dem entsprechenden Nebenschluss-Generator, also umgekehrt wie der Strom, der dem Motor zur Herstellung gleichen Drehungssinnes zuzuführen wäre.

Die Erkenntniss von der Addition der beiden magnetisirenden Kräfte lehrt sofort das Verhalten des Kompound-Generators bei verschiedener Stromentnahme überblicken. Während beim Nebenschluss-Generator die Spannung nach S. 77 mit wachsender Stromlieferung abnimmt, werden beim Verbund-Generator durch die wachsende magnetisirende Kraft der Kompoundwickelung gleichzeitig die Polstärke und daher auch die im Anker inducirte E. M. K. und die Spannung der ganzen Maschine gesteigert. Es leuchtet darnach ein, dass es durch passende Einrichtung der Verbundwickelung möglich ist, den Spannungsabfall des Nebenschlussgenerators völlig auszugleichen, so dass die Spannung E_p bei allen Stromstärken J konstant bleibt oder sogar mit wachsendem J noch zunimmt. (Ueberkompoundirung).

Diese Selbstregulirung der Spannung ist ein grosser Betriebsvortheil der Kompoundmaschine, vermöge dessen sie die einfache Nebenschlussmaschine eine Zeit lang zu verdrängen drohte. Für Lichtbetriebe ist man indessen fast allgemein wieder auf die Verwendung der Nebenschluss-Maschine zurückgekommen, da hier der Stromkonsum sich im Laufe des Tages nur in langsamen Schritten ändert und der Maschinenwärter mittels des Nebenschlussregulators die Spannung sehr leicht nachreguliren kann. Hierzu kommt, dass Nebenschlussmaschinen besser mit Akkumulatoren zusammen arbeiten als Kompoundmaschinen. Bei Kraftbetrieben indessen, bei denen die angehängten Motoren sehr häufig ein- und ausgeschaltet werden und die Stromentnahme daher sehr schwankend ist, pflegt man Kompoundgeneratoren oder auch überkompoundirte Maschinen zu verwenden, um gleichzeitig auch den Spannungsabfall in den Leitungen zu decken.

Um einen Einblick in die Strom- und Energievertheilung in einer modernen Kompoundmaschine zu bieten, folgt hier noch die Betrachtung eines Beispieles. Ein Bahn-Generator, welcher normal bei $E_p = 550$ Volt $J = 184$ Amp. erzeugt, hat einen Ankerwiderstand

$w_a = 0,06$ Ohm, einen Widerstand der Nebenschlusswickelung von $w_n = 94$ Ohm und der Kompoundwickelung von $w_c = 0,002$ Ohm (Fig. 40). Da der nach aussen gelieferte Strom J auch durch die Kompoundwickelung fliesst, so tritt in der letzteren ein Spannungs-abfall von $J w_c = 184 \cdot 0,002 = 0,368$ Volt ein. Um diesen Werth ist die Ankerspannung E_{pa} höher als die Spannung E_p am Ende der Kompoundwickelung oder die Klemmenspannung der ganzen Maschine. Es ist also $E_{pa} = 550 + 0,368 = 550,37$ Volt. Da die Ankerspannung E_{pa} auch an den Enden der Nebenschlusswickelung w_n herrscht, so fliesst in letzterer ein Strom $J_n = E_{pa} : w_n = 550,37 : 94 = 5,86$ Amp. Der Anker als der Sitz der ganzen Stromerzeugung der Maschine muss einen Strom J_a führen, der sich beim Austritt aus dem Anker in den äusseren Strom J und den Nebenschlussstrom J_n verzweigt, also gleich der Summe aus den letzteren beiden ist. Daher ist $J_a = 184 + 5,89 = 189,86$ Amp.

Die elektrische Arbeit, welche die Ströme beim Durchfliessen der drei Widerstände w_c, w_n und w_a sekundlich zu leisten hat, ergiebt sich nach Gl. 6 S. 10, indem jeder Widerstand mit dem Quadrate der durch ihn fliessenden Stromstärke multiplicirt wird. Man erhält

$$J^2 w_c = 184^2 \cdot 0,002 = 67,7 \text{ Watt,}$$
$$J_n{}^2 w_n = 5,89^2 \cdot 94 = 3228 \text{ Watt,}$$
$$J_a{}^2 w_a = 190^2 \cdot 0,06 = 2166 \text{ Watt,}$$
$$\text{und die Summe} = 5462 \text{ Watt.}$$

Dieser Betrag setzt sich in den Wickelungen der Schenkel und des Ankers in Wärme um und geht für die elektrische Energieerzeugung des Generators verloren. Während die nach aussen abgeführte elek-trische Arbeitsleistung

$$E_p J = 550 \cdot 184 = 101\,200 \text{ Watt}$$

beträgt, müssten also insgesammt

$$101\,200 + 5462 = 106\,662 \text{ Watt}$$

erzeugt werden. Der elektrische Wirkungsgrad beträgt daher

$$\eta = \frac{101\,200}{106\,662} = 0,949.$$

Von der gesammten erzeugten elektrischen Energie werden also rd. 95% nutzbar gemacht, 2% gehen im Anker und 3% in der Neben-schlusswickelung der Magnetschenkel verloren. Der Energieverbrauch der Kompoundwickelung kommt nicht in Betracht. Er beträgt nur ungefähr 0,6‰.

IX. Elektrische Bremsung, Kraftrückgabe, Umsteuerung.

Die Eigenschaft der Elektromotoren, gleichzeitig auch als Generatoren zu arbeiten, bietet ein einfaches Mittel, sie und die von ihnen angetriebenen Fahrzeuge oder Maschinen mit grosser Kraft zu bremsen. Schaltet man den Motor von dem Netz, welches ihn speist, ab und schliesst ihn durch einen Widerstand, so läuft er durch seine lebendige Kraft und diejenige der mit ihm zusammengekuppelten Massen weiter und schickt als Generator Strom in den Widerstand hinein. Da die elektrische Energie, welche er als solcher erzeugt, nur der Bewegungsenergie der Massen entnommen werden kann, so wird die letztere vermindert und die Massen werden gebremst. Die auf diese Weise zerstörte lebendige Kraft findet sich in den Wickelungen des Motors und im äusseren Widerstande desselben als Wärme wieder.

Zur Anwendung dieses allgemeinen Princips muss allerdings bemerkt werden, dass bei der einfachen Umschaltung auf einen Widerstand nur der Nebenschluss-Motor und der Kompound-Motor nach den früheren Betrachtungen direkt als Generator Strom geben können, während beim Hauptstrom-Motor die Wickelung der Magnetschenkel erst umgeschaltet werden muss. Da dies aber gleichzeitig mit der Umschaltung auf den Widerstand durch eine einfache Hebelkonstruktion geschehen kann, so bietet auch beim Hauptstrom-Motor die praktische Durchführung dieser Bremsmethode keine Schwierigkeiten.

Die elektrische Arbeit, welche der Motor als Generator sekundlich erzeugt, ist gegeben durch das Produkt seiner E.M.K. e und des Stromes J, den sein Anker liefert. Die sekundlich abgebremste mechanische Energie übersteigt diesen Betrag noch um die mechani-

7*

schen Arbeitsverluste durch Zapfenreibung etc., welche bei der
Rotation des Ankers auftreten. Da nun e mit der Tourenzahl abnimmt, so muss die Bremswirkung bei heruntergehender Geschwindigkeit geringer werden. Dieser Uebelstand ist charakteristisch für die
elektrische Bremsung. Man kann ihm dadurch begegnen, dass man
die Stromstärke J in demselben Maasse vergrössert, wie e sich vermindert. Zu diesem Zwecke braucht man nur den Widerstand,
durch den der Generator geschlossen wird, regulirbar zu machen
und von Hand oder automatisch allmählich zu verkleinern und
schliesslich „kurz zu schliessen".

Eine noch weit kräftigere Bremswirkung kann man erreichen,
wenn man die elektrische Arbeitsleistung des Generators sich nicht
einfach im Widerstande verzehren lässt, sondern dazu benutzt, ein
Drehmoment entgegen der Massenbewegung zu erzeugen. Eine
derartige Vorrichtung ist die sogenannte Wirbelstrombremse, welche
auf folgendem Princip beruht: Die Induktion einer E.M.K. in der
Bewickelung eines Gleichstromankers ist ein Specialfall einer allgemeinen Naturerscheinung, welche sich auf jeden Leiter, d. h. auf
jeden Metallkörper erstreckt, der in einem magnetischen Felde bewegt
wird. In solchen Metallmassen werden immer elektrische Ströme
inducirt. Diese Ströme müssen offenbar mit denjenigen einer Ankerwickelung die Eigenschaft gemeinsam haben, dass die mechanischen
Kräfte, welche zwischen ihnen und den Magnetfeldern nach dem auf
S. 40 angegebenen Grundgesetze entstehen, die Bewegung der Leiter zu
hemmen suchen; denn die elektrische Arbeit, welche von den Strömen
in den Metallmassen geleistet und in Wärme umgesetzt wird, muss in
einem mechanischen Arbeitsaufwand ein Aequivalent haben. Diese
Erscheinung kann z. B. in der Weise zu einer Bremsung ausgenutzt
werden, dass man einen kompakten cylindrischen Eisenkern auf die
zu bremsende Achse setzt und ihn mit einem Magnetgestell etwa
wie in Fig. 9 S. 24 umgiebt, das nur dann erregt wird, wenn
Bremsung eintreten soll. Der genaue Verlauf und die Stärke der
Ströme in beliebig gestalteten Metallkörpern ist allerdings nur mit
grösster Schwierigkeit zu berechnen, da hier keine bevorzugte Richtung
wie bei lang ausgestreckten Drähten vorhanden ist. Man bezeichnet
solche Ströme als „Wirbelströme"[1]).

---

[1]) In den Ankern von Generatoren und Motoren müssen diese Wirbelströme natürlich vermieden und der Stromfluss muss allein auf die Be-

Konstruktiv wird der Metallkern gewöhnlich nicht als Cylinder sondern als flache Eisenscheibe ausgebildet, und das Magnetgestell als ein Kranz von Polen welcher der einen Oberfläche dieser Scheibe gegenübergestellt wird. Sobald das Magnetgestell erregt ist, sucht es natürlich die Eisenscheibe anzuziehen, woraus sich die Möglichkeit ergiebt, auch noch die mechanische Reibung zur Bremsung zu benutzen. Die ganze Vorrichtung würde dann in dreifacher Weise bremsend wirken: 1) dadurch, dass der in einen Generator verwandelte Motor den bewegten Massen Energie entzieht, diese zunächst in elektrische Energie und dann in seinen eigenen Wickelungen und in der Erregerwickelung der Wirbelstrombremse in Wärme umsetzt; 2) dadurch, dass jene Eisenscheibe in Folge der Bildung von Wirbelströmen der Massenbewegung weitere Energie entnimmt und in Wärme umsetzt[1]); 3) durch einfache mechanische Reibung, welche ebenfalls Wärme erzeugt. Wenn man den Stoss vermeiden will, den der Anker bei der Umschaltung des Motors zum Generator wegen der plötzlichen Umkehr des Drehmomentes erfährt, so kann man natürlich auch das Magnetgestell der Wirbelstrombremse durch einen besonderen Strom erregen und die Bremswirkung der Wirbelströme allein benutzen.

Die Fähigkeit des Motors, als Generator zu wirken, schafft andererseits die Möglichkeit, bei der Bremsung Strom in das Netz zurückzuschicken, von welchem der Motor vorher gespeist wurde. Dazu ist nöthig, 1) dass der Motor als Generator Strom im umgekehrten

---

wickelung beschränkt werden. Man erreicht dies, indem man für die Anker nicht kompakte Eisenstücke verwendet, sondern sie aus Blechen zusammensetzt. Die Wirkungsweise dieser Methode wird im Abschnitt XII besprochen werden.

[1]) Bei oberflächlicher Betrachtung könnte man zu der Ansicht kommen, dass die Energie der Wirbelströme direkt aus der elektrischen Arbeit des Generators entnommen werde, weil dieser die Magnete der Wirbelstrombremse erregt. Dies ist indess nicht der Fall, denn jener Erregerstrom schafft durch die Magnetisirung nur die Verhältnisse, welche die Bildung von Wirbelströmen ermöglichen. Die Aufrechterhaltung des magnetischen Zustandes der Pole kostet aber keine Arbeit als diejenige, welche in der Erregerwickelung in Wärme umgesetzt wird und auch umgesetzt werden würde, wenn die Wickelung gar nicht zur Erregung von Magneten diente. (S. 29). Die Arbeit der Wirbelströme wird also direkt aus der Bewegungsenergie der Scheibe und den mit ihr gekuppelten Massen entnommen.

Sinne erzeugt, als er vorher aufnahm und 2) dass der Generator elektrischen Ueberdruck hat, d. h. seine E.M.K. grösser ist als die Spannung des Netzes, denn sonst würde umgekehrt der Strom vom Netz in den Generator übergehen. Die erstere Bedingung wird, wie früher gezeigt wurde, beim Nebenschluss- und beim Kompound-Motor ohne Weiteres erfüllt, beim Hauptstrom-Motor nach Umschaltung der Feldmagnet-Wickelung. Die Erfüllung der zweiten Bedingung muss für die drei Motortypen besonders diskutirt werden.

Die Betrachtungen mögen sich anknüpfen an das allgemein gebräuchliche System der Parallelschaltung, bei dem ein ganzes Leitungsnetz unter konstanter Spannung gehalten wird und die Motoren einzeln an Hin- und Rückleitung angeschlossen werden. In diesem Falle muss also der Motor, welcher als Generator Kraft zurückgeben soll, als solcher eine höhere E.M.K. e erzeugen als die konstante Netzspannung E_p beträgt.

Beim Hauptstrom-Motor sieht man sofort, dass er diese Bedingung nicht erfüllen kann, denn seine Charakteristik hat die Gestalt der Kurve E_p in Fig. 38, d. h. seine Spannung ist bei geringer Stromlieferung sehr klein, bei stärkerer dagegen gross.

Dazu kommt, dass zur Umwandlung in einen Generator seine Erregerwickelung erst umgeschaltet und er für diesen Zweck zunächst vom Vertheilungsnetz losgelöst werden müsste. In diesem „offenen" Zustand (bei $J = 0$) würde der Generator aber keine E.M.K. erzeugen und könnte deshalb gar nicht an das Netz angeschlossen werden, ohne dass er vorher durch einen passenden Widerstand geschlossen und durch Stromlieferung in denselben auf die Netzspannung gebracht würde. Selbst, wenn er aber in geeigneter Weise mit dem Netz verbunden wäre und Strom in dasselbe hineinlieferte, so würde er bei einem geringen Nachlassen seiner E.M.K. nicht als Motor, von der Netzspannung getrieben, in der alten Richtung weiter laufen können. Er würde vielmehr, da seine Erregerwickelung umgeschaltet ist, stehen bleiben und seine Drehrichtung umzukehren suchen. Die Verwendung des Hauptstrommotors zur Kraftrückgabe in ein Vertheilungsnetz ist demnach ausgeschlossen.

Anders verhält sich der Nebenschluss-Motor. Als Generator laufend, liefert derselbe ohne Umschaltung einen Strom im entgegengesetzten Sinne, wie er als Motor bei gleicher Drehrichtung aufnahm. Die Bedingung, dass die E.M.K. e des Generators grösser wird als E_p, kann sehr leicht dadurch erfüllt werden, dass man durch den Nebenschluss-Regulirwiderstand die Erregung und damit N verstärkt. Wenn hier e durch eine Störung kleiner als E_p wird, so läuft der Generator als Motor in demselben Sinne weiter (S. 77). Ein Nebenschluss-Motor lässt sich also immer zur Kraftrückgabe benutzen.

Diese Eigenschaft der Nebenschlussmaschinen ist die wichtigste Grundlage für ihre Verwendbarkeit als Stromerzeuger in Parallel-schaltung. Da diese Betriebsart in den modernen Elektricitäts-werken weitaus die gebräuchlichste ist, so hat die Nebenschluss-maschine als Gleichstrom-Generator sehr grosse Bedeutung erlangt. Wenn nun auch die Besprechung der Elektricitätserzeugung nicht die Aufgabe dieses Buches ist, so möge doch die sich an dieser Stelle bietende Gelegenheit benutzt und die Arbeitsweise der Neben-schlussmaschine in solchen Betrieben kurz besprochen werden.

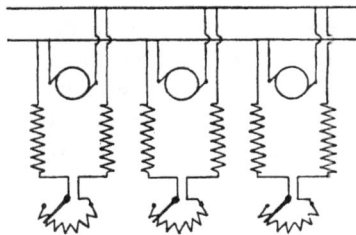

Fig. 41.

In Fig. 41 sind drei Nebenschluss-Maschinen in Parallelschaltung dargestellt. Sie arbeiten auf die Hauptvertheilungsschienen eines Schaltbrettes, an welche die Kabel des Netzes angeschlossen sind. Ihre Aufgabe, bei allen Belastungen des Netzes eine konstante Spannungsdifferenz zwischen jenen Schienen aufrecht zu erhalten, lässt sich am leichtesten erfüllen, wenn man die Erregerwickelung direkt von diesen Schienen aus speist. Die Generatoren arbeiten dann in folgender Weise:

Sind die E. M. Kräfte der einzelnen Maschinen e_1, e_2, e_3 und ist die gemeinsame Netzspannung E_p, der Widerstand eines jeden der Anker w, so ergeben sich die Ankerströme J_1, J_2, J_3, welche in das Netz hineingeliefert werden aus den Gleichungen

$$e_1 = E_p + J_1 w$$
$$e_2 = E_p + J_2 w$$
$$e_3 = E_p + J_3 w.$$

Der Antheil einer Maschine an der gesammten Stromlieferung steigt also mit ihrer E.M.K. und lässt sich durch die Erregung leicht

reguliren. Beträgt z. B. die Netzspannung 110 Volt und in jeder
der Maschinen der Spannungsabfall Jw bei normaler Stromlieferung 2,5 %, also 2,75 Volt, so müssen die E.M. Kräfte die Grösse
$110 + 2{,}75 = 112{,}75$ Volt haben. Steigt bei einem der Generatoren
in Folge mangelhafter Regulirung der Antriebsmaschine die E.M.K.
mit der Tourenzahl plötzlich um 0,5 Volt, also auf 113,25 Volt, so
muss im Anker derselben ein Spannungsverlust von $113{,}25 - 110 =$
3,25 Volt eintreten, und daher der Strom im Verhältniss von
$3{,}25 : 2{,}75$, also um 18 % steigen. Diese sehr starke Ueberlastung
der voraneilenden Maschine hat natürlich sogleich wieder ein Zurückbleiben zur Folge, bis die alte Tourenzahl wieder erreicht ist. In
ähnlicher Weise wird ein plötzliches Zurückbleiben in Folge einer
Störung der Regulirung durch eine plötzliche Entlastung sofort wieder
ausgeglichen. Dadurch wird der Betrieb der parallel geschalteten
Nebenschlussmaschinen vollständig stabil. Sollte einer der Generatoren
plötzlich so weit zurückbleiben, dass er nur eine kleinere E.M.K.
entwickelt als die Spannung des Netzes beträgt, so läuft er als
Motor in demselben Sinne weiter und wird von den anderen Generatoren alsbald nachgeholt.

Neben der Kraftrückgabe bei der Bremsung bildet der Wieder-
gewinn der Kraft bei der Umkehr der Bewegung ein interessantes
technisches Problem. Wichtige Betriebe, bei denen diese Aufgabe
dem Ingenieur entgegentritt, sind z. B. Bergbahnen und Hebezeuge,
wenn sie sich abwärts bewegen. Dem Elektrotechniker stellt sich
hierbei die Aufgabe in der Form, dass der Motor als Generator
rückwärts laufend einen Strom im umgekehrten Sinne erzeugen
muss, wie er als Motor aufnimmt. Da für den Nebenschluss-Motor
soeben gezeigt worden ist, dass er den gewünschten Strom liefert,
wenn er als Generator in demselben Sinne weiter läuft, so ergiebt
sich, dass er bei Rückwärtsgang einen Strom in falschem Sinne erzeugt und daher eine Umschaltung des Ankers, d. h. eine Ver-
tauschung seiner Anschlüsse an das Netz oder eine Umschaltung
seiner Erregerwickelung, d. h. eine Umpolarisirung nothwendig wird.

Als letzter Typus wäre nun noch der Kompound-Motor auf
seine Fähigkeit der Kraftrückgabe zu untersuchen. Die Betriebs-
verhältnisse, bei denen derselbe zweckmässig benutzt wird, sind aber
wohl stets derartig, dass eine Wiedergewinnung der Kraft ökonomisch
werthlos ist. Der Kompound-Motor ist dort zu verwenden, wo eine
ganz konstante Geschwindigkeit unabhängig von der Belastung ohne

besondere Wartung verlangt wird. Bei allen Betrieben, bei denen Kraftrückgabe Werth hat, weil sehr häufiges Bremsen oder regelmässige Umkehr der Drehrichtung stattfinden, sind indessen die Motoren stets unter Aufsicht, und es kommt mehr darauf an, dass sie dem Regulirhebel des Wärters schnell und in weitem Umfange folgen, als dass sie ihre Tourenzahl automatisch auf das feinste selbst einreguliren. So kommt also schliesslich für die Kraftrückgabe an das Netz nur der Nebenschluss-Motor in Frage.

Allgemeiner als das Bedürfniss des Kraftwiedergewinnes tritt im Betriebe von Elektromotoren die Forderung ihrer Umsteuerbarkeit auf. Diese lässt sich auf ausserordentlich einfache Weise erfüllen. Aus der Regel auf S. 40 über die Richtung der Zugkraft geht hervor, dass man die Drehrichtung des Ankers eines Motors dadurch umkehren kann, dass man entweder die Stromrichtung im Anker oder die Richtung der magnetischen Kraft der Pole umkehrt. Eine gleichzeitige Kommutirung beider Richtungen würde aber eine Umsteuerung nicht bewirken. Auf dieser einfachen Grundlage sind Steuervorrichtungen in den mannigfachsten Formen konstruirt worden. Wo es auf besonders plötzliches Bremsen ankommt, können sie gleichzeitig zur Lieferung von „Gegenstrom" benutzt werden.

X. Funkenbildung an Bürsten und Kommutator.

Bei der Besprechung der Wirkungsweise des Kommutators auf S. 46 ist einer Erscheinung noch nicht Erwähnung gethan, welche jedem bekannt ist, der den Betrieb eines Gleichstrom-Motors beobachtet hat: die Funkenbildung an der Stelle, wo die Bürsten aufliegen. Diese Erscheinung ist von sehr grosser betriebstechnischer Wichtigkeit, da die Funken kleine Vertiefungen in den Kommutator brennen und die so entstehende Rauhigkeit der Auflagefläche ihrerseits das „Feuern" verstärkt. Die gegenseitige Steigerung beider Erscheinungen macht ein häufiges Abschmirgeln des Kommutators nothwendig und kann zu unzulässigen Graden von Abnutzung und Wartung führen. Eine Betrachtung der Ursachen der Funkenbildung und der Mittel zu ihrer Vermeidung ist demnach von Wichtigkeit.

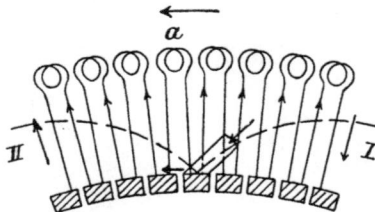

Fig. 42.

Da das Funken gerade an der Auflagefläche der Bürsten vor sich geht, so ist es zweckmässig, die neben einer Bürste liegenden Kommutatorlamellen und die daran angeschlossenen Spulen gesondert ins Auge zu fassen. In Fig. 42 sind diese Lamellen für sich dargestellt. Die Bürste liegt wieder in der neutralen Axe, der Trennungslinie der beiden Magnetfelder I und II, welche entgegengesetzt gerichtet und in der Figur ebenfalls angedeutet sind. Der in den

Anker eintretende Strom theilt sich in dem Kommutatorsegment, das die Bürste berührt, und durchfliesst die rechts und links gelegenen Spulen in verschiedenem Sinne. Fig. 42 entspricht also den Fig. 21—23.

Bei der Betrachtung der letzteren ist festgestellt worden, dass die gezeichnete Stromvertheilung auch während der Bewegung des Ankers bestehen bleibt, da der Strom aus der Bürste die einfache Verzweigung nach rechts und links bei jeder Ankerstellung in gleicher Weise vornehmen muss. In Wirklichkeit entsprechen aber die Vorgänge dieser Folgerung nicht völlig, weil die Umkehr des Stromes in den Spulen beim Vorübergang an der Bürste nicht plötzlich und in unendlich kurzer Zeit vor sich gehen kann. Offenbar ist ein so schneller Wechsel deswegen nicht möglich, weil die lebendige Kraft der elektrischen Massen in der betreffenden Spule erst vernichtet und eine entgegengesetzte Massenbewegung von gleicher Energie hergestellt werden muss, ehe der umzukehrende Strom die alte Stärke in der neuen Richtung annimmt. Die Vorgänge in den Spulen, welche gerade die Bürste passirt haben, müssen also noch besonders betrachtet werden. Die folgende Darstellung soll sich beziehen auf diejenige Spule, welche in der Fig. 42 mit *a* bezeichnet ist; die Bewegung von Spule und Kommutator gehe dabei von rechts nach links.

Bevor Spule *a* die gezeichnete Stellung eingenommen hat, befand sie sich rechts vor der Bürste im Magnetfelde I und wurde von demselben Strom durchflossen, wie die übrigen dort befindlichen Spulen. Darauf trat ein Augenblick ein, wo die Lamellen, an welche *a* angeschlossen ist, beide gleichzeitig die Bürste berührten. In diesem Moment ist *a* durch die Bürste „kurz geschlossen". Die Stromzufuhr aus der Bürste hört auf, da der Strom an beiden Enden in *a* eintreten kann, aber die frühere Bewegung der elektrischen Massen dauert in *a* noch fort. Infolge der Trägheit hält dieser Bewegungszustand auch noch an, wenn *a* unter das Magnetfeld II tritt und die in der Figur gezeichnete Stellung erreicht. Der Strom in *a* fliesst dann dem Strome in den übrigen Spulen des Feldes II und auch dem aus der Bürste kommenden Strome *i* entgegen. Der letztere kann jetzt also, wenn er die Bürste verlässt und sich in die linke Ankerabtheilung abzweigen will, nicht mehr ungestört durch *a* zu den übrigen Spulen gelangen, sondern stösst auf die in *a* ihm entgegenfliessenden Massen und beide schlagen sich nun in Gestalt eines Funkens eine gemeinsame Brücke über die Isolationsschicht hinweg, welche die mit a verbundenen Kommutatorlamellen trennt. Nachdem er diese Funkenbrücke überschritten hat, fliesst der Strom i in derselben Weise durch die übrigen Spulen der linken Abtheilung, als wenn jene Massenwirkung nicht vorhanden wäre.

Zur Vermeidung der Funkenbildung muss daher nach einem Mittel gesucht werden, die lebendige Kraft der Massenbewegung während des Kurzschlusses durch die Bürste zu vernichten oder noch besser, diese Bewegung umzukehren und in a einen Strom von der Richtung und Stärke desjenigen herzustellen, wie er in den übrigen Spulen der Ankerabtheilung herrscht, in die a eintritt. Wenn letzteres sich erreichen lässt, so wird der aus der Bürste kommende Strom offenbar einer Funkenbrücke nicht mehr bedürfen, sondern direkt durch die neu eingetretene Spule zu den übrigen Spulen derselben Abtheilung fliessen.

Ein Mittel, die Massenbewegung in a während des Kurzschlusses zu hemmen, bietet z. B. die Verwendung von Kohlenbürsten durch den Uebergangswiderstand, welchen der Stromfluss beim Uebertritt aus einer Kommutatorlamelle in eine Bürste und beim Rückfluss in die benachbarte Lamelle erfährt. Die Massenbewegung vollendet beim Kurzschluss ihren Kreislauf dadurch, dass die elektrischen Massen aus der Spule heraus in die Bürste eintreten und durch die benachbarte Lamelle, die von der Bürste gleichzeitig berührt wird, in die Spule zurückströmen. Der „Uebergangswiderstand" muss also wie ein passiver Widerstand die Bewegung der Massen hemmen. Da er bei den harten Kohlenbürsten grösser ist als bei den weichen Kupferbürsten, so erklärt sich leicht die Möglichkeit, mit den ersteren die Funkenbildung herabzudrücken. Hierbei möge hervorgehoben werden, dass ein loses Aufliegen der Bürsten den Vorteil dieses Uebergangswiderstandes nicht zu bieten vermag. Wenn die Bürsten mit zu geringem Drucke an den Kommutator angepresst werden, so werden sie durch die kleinen Unebenheiten desselben hin- und hergeschleudert und der Kontakt zwischen beiden Theilen wird häufig schlecht oder hört ganz auf, so dass der Strom gezwungen ist, eine Funkenbrücke zu schlagen, um überhaupt von der Bürste zum Kommutator übergehen zu können. Diese Ueberlegung weist von Neuem auf die Nothwendigkeit hin, die Oberfläche des Kommutators glatt und blank zu halten, wie überhaupt die Vorschriften für die Behandlung des Kommutators, welche bei der Lieferung von Elektromotoren jetzt jederzeit beigegeben werden, genau zu beachten.

Ein von Elektro-Konstrukteuren bei grossen Maschinen öfters angewendeter Kunstgriff, welcher in derselben Weise wirkt wie der Uebergangswiderstand der Bürste, möge hier nebenbei erwähnt werden. Bei einem Anker wie in Fig. 22, kann man z. B. die radialen Verbindungsstücke von den Spulen zu den Kommutatorsegmenten aus weit dünneren Drähten herstellen als die Ankerwickelung selbst. Da der Strom beim Kurzschluss einer Spule immer zwei dieser Drähte durchfliessen muss, so findet seine Bewegung darin den gewünschten Widerstand. Eine zu starke Erwärmung braucht selbst bei sehr dünnen Drähten nicht befürchtet zu werden, da durch die Bewegung für ausgiebige Ventilation jedes einzelnen gesorgt ist und nur dann Strom durch ihn hindurchgeht, wenn die an ihn angeschlossene Kommutatorlamelle eine Bürste passirt.

Das vorher erwähnte wirksamste Mittel der völligen Umkehr des Stromes während des Kurzschlusses kann leicht gewonnen werden durch passende Ausnutzung des benachbarten magnetischen Feldes. Grundsätzlich kann man eine Umkehr des Stromes natürlich nur erreichen durch Uebertragung von Energie entgegengesetzten Sinnes auf jede Masseneinheit, d. h. durch Induktion einer elektromotorischen Gegenkraft von genügender Grösse. Da der Strom in Spule a während des Kurzschlusses noch dieselbe Richtung hat, wie bei den Spulen in Feld I, so muss die E.M.K., welche die Umkehr besorgen soll, ebenso gerichtet sein, wie die elektromotorische Gegenkraft in diesen Spulen. Um eine solche E.M.K. aber auch in Spule a zu erhalten, genügt es, den Kurzschluss innerhalb des Feldes I vorzunehmen, also die Bürste aus der neutralen Axe heraus ein wenig in das Feld I zurückzurücken. Die letztere Schlussfolgerung wird sofort verständlich durch den Hinweis auf Gl. 29 und ihre Ableitung auf S. 56, welche besagt, dass in jedem äusseren Leiter eines Ankers — gleichgültig, ob er einem Generator oder Motor angehört, — eine E.M.K. inducirt wird, welche bei gleicher Drahtlänge und Umfangsgeschwindigkeit nur von der radialen magnetischen Kraft $\mathfrak{B}_r$ an der Stelle abhängt, an welcher sich der Leiter gerade befindet. Feld I, welches in allen übrigen in seinem Bereiche befindlichen Ankerspulen eine elektromotorische Gegenkraft inducirt, wird also auch in der kurzgeschlossenen eine solche E.M.K. hervorbringen, welche bei richtiger Grösse den darin vorhandenen Strom gerade umzukehren vermag. Dass in den anderen Spulen des Feldes I

eine Umkehr des Stromes durch die Gegenkraft nicht stattfindet, darf
nicht wundern, da in diese der Strom von aussen durch die über
wiegende Spannung E_p hineingedrückt wird, während in die kurz
geschlossene ein Strom von aussen nicht eintritt.

Ist die Bürste zur Herstellung des funkenlosen Ganges aus der
neutralen Axe nach B (Fig. 43) zurückgerückt, so ist damit auch
die Scheidelinie für die Stromrichtung in den äusseren Leitern des
Ankers verschoben, und die an Fig. 19 und 20 erörterten Bedingungen
für die Addition der Drehmomente sind nicht mehr erfüllt. Die

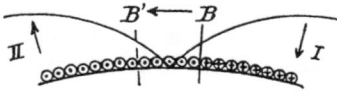

Fig. 43.

zwischen B und der neutralen Axe (Fig. 43) gelegenen Windungen
geben vielmehr ein umgekehrtes Drehmoment als die übrigen Windungen des Feldes I, da sie von umgekehrtem Strome durchflossen
werden. Zur Kompensation dieses Drehmoments muss eine gleiche
Anzahl von Windungen auf der anderen Seite der neutralen Axe,
zwischen der letzteren und B' verwendet werden, so dass Magnetfeld und Ankerdrähte zwischen B und B' für die Zugkraft des
Ankers keinen Beitrag liefern. Funkenloser Gang entspricht also
nicht der maximalen Leistung des Ankers.

Die genannte Erscheinung tritt noch stärker hervor, wenn an
zwei benachbarte Kommutatorsegmente nicht einzelne Windungen,
sondern ganze Spulen, bestehend aus einer grösseren Anzahl von
Windungen, angeschlossen sind. Da jede Windung zur Umkehr
ihres Stromes beim Kurzschluss einzeln einer elektromotorischen
Gegenkraft bedarf, so müssen die Bürsten um so weiter in Feld I
zurückgeschoben werden, je grösser die Windungszahl jeder Spule
ist. Dem Vortheil eines einfacheren Kommutators mit geringerer
Segmentzahl würden also stärkere Funkenbildung oder verminderte
Motorleistung als Nachtheile gegenüberstehen.

Beim Generator können dieselben Mittel zur Verkleinerung der
Funkenbildung benutzt werden wie beim Motor, nur dass hier die
Bürsten nicht entgegen, sondern in dem Bewegungssinne verstellt
werden müssen. Dies ergiebt sich einfach daraus, dass beim Ge-

nerator die Richtung der inducirten E. M. K. mit derjenigen des
Stromes in jeder Spule zusammenfällt. Wenn also beim Kurzschluss einer Spule die Stromrichtung umgekehrt werden soll, so
muss die Spule in ein Feld von entgegengesetzter Richtung gebracht
werden. Gehört z. B. Fig. 42 einem Generator an, so muss der
Kurzschluss der aus Feld I austretenden Spule *a* in Feld II vorge-
nommen werden.

XI. Ankerrückwirkung.

Die in den vorangehenden Kapiteln abgeleiteten Eigenschaften
der Elektromotoren werden von einem Vorgang noch etwas modificirt,
dessen Einfluss für ihre Konstruktion und ihren Betrieb von Wichtigkeit ist, nämlich von der Magnetisirung des Ankers durch seine
eigenen Windungen. Das magnetische Feld, welches den stromdurchflossenen Ankerwindungen den Antrieb giebt, ist bisher erzeugt
gedacht worden allein durch die äusseren Magnetpole bezw. durch
die Ampèrewindungen der „Erregerspulen", welche über die Magnetschenkel geschoben sind. Bei schärferem Hinblick erkennt man
aber leicht, dass ausser diesem Felde noch ein anderes vorhanden
ist, welches von den Ampèrewindungen der Ankerspulen hervorgerufen wird und ebenfalls längs des Ankerumfanges vertheilte radiale
Kraftkomponenten besitzen muss. Erst die Vereinigung dieses Ankerfeldes mit dem Felde der Pole, welches als das „Hauptfeld" bezeichnet werden möge, ergiebt ein resultirendes „Gesammtfeld", das
für die Erzeugung der Triebkraft maassgebend ist. Um die Vertheilung der Intensität des resultirenden Feldes zu bestimmen, muss
also zunächst die Vertheilung des Ankerfeldes festgestellt werden.

Die Stärke des Ankerfeldes ergiebt sich als die Summe der
magnetischen Kräfte, welche die einzelnen Ankerleiter an jeder
Stelle erzeugen. Es ist daher zunächst das magnetische Feld zu
betrachten, welches ein beliebiger gerader stromdurchflossener
Leiter herstellt. Experimentell erhält man leicht ein Bild von
diesem Felde, wenn man ein Kartonblatt mit einem Loch versieht,
einen Leiter hindurchzieht, senkrecht darauf stellt und auf das
Blatt Eisenfeilspähne streut. Der Versuch zeigt, dass die Kraftlinien
des Leiters koncentrische Kreise sind, welche um so weniger dicht
an einander liegen, je weiter sie von dem Leiter entfernt sind, da
die magnetische Kraft mit der Entfernung abnehmen muss. Ent-

lang dieser Kreise verläuft die magnetische Kraft im Sinne des Uhrzeigers für einen Beschauer, der längs des Leiters in der Richtung
des Stromflusses blickt. Allen Leitern, deren Querschnitte in den
Figuren dieses Buches mit Kreuzen versehen sind, gehören also
ebenfalls Kraftlinien im Uhrzeigersinne an, während die mit Punkten
bezeichneten Leiter Kräfte vom umgekehrten Verlaufe ergeben.

Unter Benutzung dieses Gesetzes als Grundlage wäre also z. B.
für eine Stromvertheilung nach Fig. 20 die Vertheilung der Feld-
intensität längs der Ankerperipherie festzustellen.

Um die magnetische Kraft in irgend einem Punkte des Ankerumfanges zu bestimmen, müsste man um alle Leiterquerschnitte
Kreise im oder entgegen dem Uhrzeigersinne mit solchen Radien

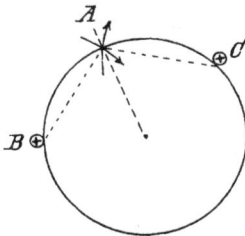   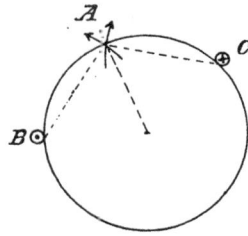

Fig. 44a.   Fig. 44b.

schlagen, dass sie gerade durch diesen Punkt hindurchgingen. Die
Richtung der Kreisbögen an jeder Stelle würde dann die Richtung
der magnetischen Kräfte ergeben, und unter Berücksichtigung der
Grösse einer jeden einzelnen, welche sich aus dem Abstand des zu
ihr gehörenden Leiters ergiebt, müsste dann die resultirende Kraft
bestimmt werden.

Ohne auf das Gesetz für den Zusammenhang zwischen Abstand
und Kraftgrösse näher einzugehen, übersieht man sofort die allgemeine Art der Kraftvertheilung um den Anker, wenn man immer
diejenigen beiden Leiter gleichzeitig ins Auge fasst, welche
gleichen Abstand von dem Punkte des Umfanges haben, den man
gerade betrachten will. Für den Punkt A in Fig. 44a und b würden
z. B. die Leiter B und C in dieser Art zusammengehören und magnetische Kräfte von gleicher absoluter Grösse in A erzeugen. Wenn
nun B und C von Strömen gleicher Richtung durchflossen werden,
(Fig. 44a) so erkennt man, dass beide Kräfte eine tangentiale Resul-

tirende haben, während bei ungleicher Stromrichtung (Fig. 44b) eine radiale Resultirende entsteht.

In Fig. 45, welche den in Fig. 20 gezeichneten Anker noch einmal darstellt, sind die Punkte X so gelegen, dass alle gleich weit von ihnen entfernten Leiter von gleich gerichteten Strömen durchflossen werden. Die Punkte N und S dagegen liegen so, dass gleich weit entfernte Leiter ungleich gerichtete Ströme führen. In X können also nur tangentiale, in N und S nur radiale Kräfte bestehen. An Stellen, welche zwischen N, S und X gelegen sind, werden also gleichzeitig radiale und tangentiale Kräfte auftreten, doch so, dass die radialen kleiner sind als diejenigen in N und S, und die tangentialen kleiner als diejenigen in X. Da für die Erzeugung einer Triebkraft auf den Anker aber nur die radialen magnetischen Kräfte wirksam sind, so kann die weitere Betrachtung der tangentialen unterbleiben.

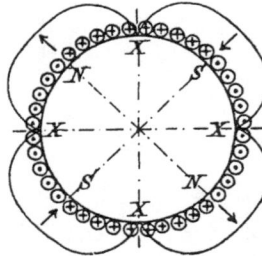

Fig. 45.

Für die radialen Komponenten ergiebt sich demnach, da in X Nullwerthe und in N und S Maximalwerthe auftreten, eine Vertheilung, wie sie in Fig. 45 durch die Umfassungskurven in bekannter Art dargestellt ist. Entsprechend den Betrachtungen an Fig. 20 liegen am Orte der Maximalwerthe N und S die Bürsten.

Beim Vergleich von Fig. 45 mit Fig. 19, welche die Vertheilung des Feldes der äusseren Magnetpole oder des Hauptfeldes für denselben Anker wiedergiebt, erkennt man die wichtige Thatsache, dass Hauptfeld und Ankerfeld gegen einander verschoben sind, und zwar derart, dass die Maximalwerthe des einen mit den neutralen Axen des anderen zusammenfallen. In Fig. 46 sind diese beiden Felder gleichzeitig dargestellt, das Hauptfeld strich-punktirt, das Ankerfeld gestrichelt; die Pfeile bei den Maximalwerthen geben die magnetische

Kraftrichtung der einzelnen Feldabtheilungen an. Da es bei den vorliegenden Betrachtungen nicht auf die specielle Form der Kraftvertheilungskurven ankommt, ist diese hier nur nach zeichnerischen Rücksichten gewählt worden, so dass das Bild möglichst deutlich wird. Addirt man Haupt- und Ankerfeld unter Berücksichtigung ihrer Richtungen, so erhält man ein resultirendes Feld, wie es die ausgezogene Kurve darstellt. Dieses Gesammtfeld ist gegenüber den beiden anderen ebenfalls verschoben und zwar gegenüber dem Hauptfeld entgegen der Uhrzeigerbewegung. Da aber auch der Anker in der betrachteten Figur nach der Richtungsregel für die elektro-

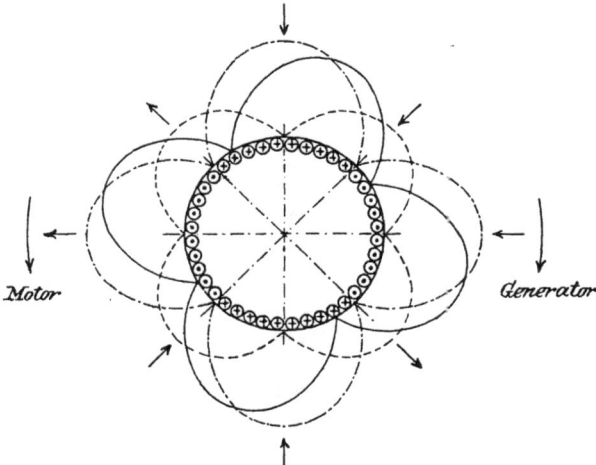

Fig. 46.

magnetischen Zugkräfte (S. 40) sich in dem Hauptfelde entgegen dem Uhrzeigersinne drehen muss, wenn die Maschine als Motor läuft, im Sinne desselben aber, wenn sie als Generator betrieben wird, so ergiebt sich für beide Typen die Regel: In Folge der Magnetisirung des Ankers durch seine eigenen Windungen verschiebt sich das den Anker umgebende Gesammtfeld bei einem Motor entgegen der Ankerdrehung, beim Generator dagegen im Sinne derselben. Man spricht deshalb wohl auch von einer „Nacheilung" bezw. „Voreilung" des resultirenden Feldes; doch sind diese Ausdrücke nicht korrekt, weil alle Felder stillstehen.

Von der Verschiebung des resultirenden Feldes ist am wichtig-

sten diejenige der neutralen Axen, da zur Aufrechterhaltung des
funkenlosen Ganges die Bürsten mit diesen Axen zusammen verstellt werden müssen. Nach den Betrachtungen des vorigen Abschnittes muss die Bürstenverstellung sogar noch über die neutralen
Linien hinausgehen, beim Motor ebenfalls entgegen und beim Generator mit der Ankerbewegung. Die Ankerrückwirkung also und die
speciellen Bedingungen des Funkenlöschens verlangen Bürstenverstellung in gleichem Sinne.

Mit Fig. 46 sind indes die Betrachtungen der Ankerrückwirkung
noch nicht zum Abschluss gebracht, denn mit den Bürsten verschieben
sich die Stellen des Ankerumfanges, wo die Stromrichtung der axialen
Leiter sich umkehrt (*N S* in Fig. 45) und damit verschiebt sich auch
das ganze Ankerfeld, so dass Fig. 46, na c h der Bürstenverstellung keine

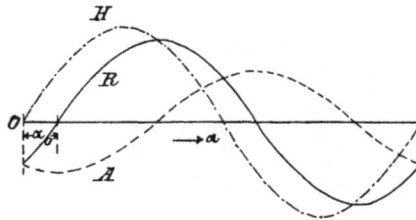

Fig. 47.

Giltigkeit mehr hat. Würde man das Ankerfeld in der neuen Lage
mit dem alten Hauptfelde in einer und derselben Figur zeichnen
und auch hierfür ein resultirendes Feld bilden, so würde dieses noch
weiter als vorhin gegen das Hauptfeld verschoben erscheinen und
die Bürsten müssten folgen u. s. f. Die definitive Bürsteneinstellung
ergiebt sich leicht, wenn man von der speciellen Bedingung des
Funkenlöschens in Abschnitt X zunächst noch absieht und annimmt,
dass die Bürsten in der neutralen Axe des resultirenden Feldes
stehen bleiben können. Will man eine Bürste in diese neutrale Axe
bringen, so muss man sie offenbar an diejenige Stelle setzen, wo der
Maximalwerth des Ankerfeldes, der mit der Bürste wandert, gerade
gleich gross und entgegengesetzt gerichtet ist der dort vorhandenen
Stärke und Kraftrichtung des Hauptfeldes; denn dann wird an jenem
Orte die Kraft des resultirenden Feldes in der That gleich Null.

In Fig. 47 ist die hierbei stattfindende Vertheilung der drei
Kraftfelder längs einer Ankerhälfte in der Abwickelung gezeichnet;

die beiden Kraftrichtungen sind durch positive und negative Ordinaten unterschieden. H stellt die Kurve des Hauptfeldes, A die des Ankerfeldes und R als Summe von beiden die Kurve des resultirenden Feldes dar. An die Stelle, wo $A = \pm A_{max}$, ist $H = \mp A_{max}$ und daher $R = 0$; hier haben also die Bürsten zu stehen.

Durch die Nothwendigkeit dieser Bürstenverstellung gewinnt die Ankerrückwirkung für den Betrieb von Motoren und Generatoren grosse Bedeutung. Da die Magnetisirung des Ankers von der Stromstärke desselben abhängt, so müsste, genau genommen, für jede Belastung eine besondere Einstellung der Bürsten erfolgen, wenn funkenloser Gang erreicht werden soll. In Betrieben, wo die Belastungsschwankungen so schnell vor sich gehen, dass dies nicht möglich ist, muss durch Verwendung von Kohlenbürsten die Funkenbildung herabgedrückt werden. Für Bahnen, Hebezeuge und ähnliche Betriebe werden heutzutage aus diesem Grunde ausschliesslich Kohlenbürsten benutzt und ein für alle Mal in die neutrale Axe des Hauptfeldes, also in die Mitte zwischen den Polen oder auf geringe „Nacheilung" eingestellt. Bei der elektrischen Bremsung, wo der Motor plötzlich zum Generator gemacht wird, wäre eine besonders grosse Bürstenverstellung nöthig; da diese aber der Natur der Sache nach nicht ausführbar ist, so ist beträchtliche Funkenbildung dabei nie ganz zu vermeiden.

Die magnetischen Verhältnisse, welche durch die Bürstenverstellung geschaffen werden, modificiren die Betriebseigenschaften der Motoren und Generatoren in gewissem Grade. Als Grundlage für die Betrachtung dieser Aenderung hat die Thatsache zu dienen, dass an die Stelle des Hauptfeldes jetzt das resultirende tritt. Die Grösse des letzteren lässt sich besonders leicht ableiten, wenn man für einen Augenblick annimmt, dass sowohl A wie auch H (Fig. 47) sich sinusartig um den Ankerumfang vertheilen. Setzt man

$$H = H_{max} \sin \alpha,$$

indem man α von der neutralen Axe O des Hauptfeldes aus zählt, so gehorcht derjenige Winkel α_0, zu dem der Werth $- A_{max}$ gehört, oder bei welchem die neutrale Axe von R liegt, der Gleichung

$$- H_{max} \sin \alpha_0 = - A_{max},$$

$$\sin \alpha_0 = \frac{A_{max}}{H_{max}} \qquad \cdots \cdots \quad (35)$$

Da auch R als Summe von zwei Sinusfunktionen sinusartig verlaufen muss, so sind nicht nur die neutralen Axen, sondern auch die Maximalwerthe von R und H um α_o gegen einander verschoben. Während H_{max} bei $\alpha = \frac{\pi}{2}$ auftritt, erhält man R_{max} bei $\alpha = \frac{\pi}{2} + \alpha_o$. Da ferner R_{max} mit $A = 0$ zusammenfällt, so hat R_{max} denselben Werth wie diejenige Ordinate von H, welche zu $\alpha = \frac{\pi}{2} + \alpha_o$ gehört. Da letztere $= H_{max} \sin\left(\frac{\pi}{2} + \alpha_o\right)$ ist, so ist auch

$$R_{max} = H_{max} \sin\left(\frac{\pi}{2} + \alpha_o\right) = H_{max} \cos \alpha_o .$$

und mit Benutzung von Gl. 35

$$R_{max} = \sqrt{H_{max}{}^2 - A_{max}{}^2}$$

Der Zusammenhang zwischen den Intensitäten der drei Felder kann also nach Art eines Kräftepolygons durch Fig. 48 dargestellt werden. Da $R_{max} < P_{max}$, so verkleinert die Ankerrückwirkung das Feld, welches zur Erzeugung des Drehmoments zur Verfügung steht.

Fig. 48.

Nach Feststellung dieser Thatsache für sinusartige Vertheilung interessirt die Frage, ob auch für andere Vertheilungen eine Verkleinerung der Stärke des Polfeldes durch das Ankerfeld eintritt; eine solche müsste bei der Konstruktion der Motoren und Generatoren berücksichtigt werden, weil sie die Leistung derselben etwas herabdrückte. Zur Beantwortung dieser Frage möge Fig. 49 betrachtet werden, welche einen Anker innerhalb eines vierpoligen Magnetgestelles darstellt. Bei der gezeichneten Stromrichtung und magnetischen Kraftrichtung muss sich der Anker nach der Regel auf S. 40 entgegen dem Uhrzeiger drehen, und die Bürsten müssen daher im Sinne der Uhrzeigerdrehung verstellt werden. In Fig. 49 ist eine Verschiebung bis zum nächsten Polrande angenommen, so dass die Stromrichtung $\oplus$ gerade vor einem Polrand in die Richtung $\odot$ übergeht. Zur Vereinfachung des Bildes sind die Bürsten nicht besonders eingezeichnet.

Die genaue theoretische Erforschung der magnetischen Vorgänge in Fig. 49 ist ausserordentlich schwierig; eine exakte rechnerische Behandlung lässt die heutige Wissenschaft noch nicht zu. Dagegen kann man auf experimentellem Wege die Vertheilung der magnetischen Kräfte zwischen Pol und Anker leicht und einfach feststellen. Ein Mittel dazu bietet z. B. die auf S. 18 beschriebene Wismuthspirale, welche man in den Luftraum zwischen den Polen und dem stromdurchflossenen Anker einführen kann. Der Anker darf dabei natürlich nicht rotiren, sondern muss festgeklemmt werden.

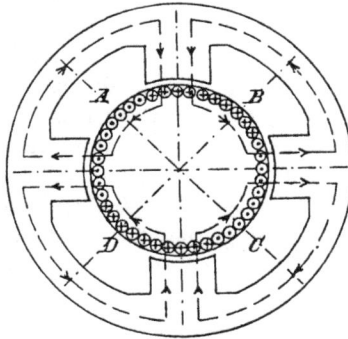

Fig. 49.

Eine andere einfache Untersuchungsmethode besteht darin, dass man ausser den Hauptbürsten auf dem Kommutator des laufenden Ankers noch zwei Nebenbürsten schleifen lässt, welche gleichzeitig zwei benachbarte Lamellen berühren und auf einem besonderen Bürstenhalter angebracht sind, mit dem zusammen sie langsam verstellt werden können. Setzt man diese Hülfsbürsten mit einem Voltmeter in Verbindung, so misst man mit Hülfe desselben immer die E.M.K. e_1 einer Ankerspule an der Stelle des Magnetfeldes, wo die Berührung der zugehörigen Lamellen mit den Bürsten gerade eintritt. Aus Gl. 29 (S. 56) kann man dann leicht die magnetische Kraft $\mathfrak{B}_r$ an dieser Stelle berechnen; da g und l konstant sind, so ist die Kurve der E.M.K. als Funktion der Winkelstellung in anderem Maassstabe gleichzeitig die Kurve der Vertheilung dieser magnetischen Kraft.

Den früheren Betrachtungen an Fig. 18 (S. 44) entsprechend findet

man, dass die radiale Kraft $\mathfrak{B}_r$ vor den Magnetpolen annähernd
konstant ist, so lange der Anker keinen Strom führt und erst
in der Nähe der Ränder abnimmt. Die „Ankerrückwirkung" bewirkt
nun folgende Abänderung: Sie macht die Vertheilung der magnetischen
Kraft ungleichmässig in der Art, dass $\mathfrak{B}_r$ von demjenigen Polrande
an, bei dem die Bürsten stehen, nach dem anderen Rande desselben
Poles hin zunimmt, und dass der mittlere Werth von $\mathfrak{B}_r$, also auch
die ganze Polstärke N dabei kleiner wird, als er bei derselben Ampèrewindungszahl der Magnetspulen ohne Ankerstrom sein würde. Das
vorher für sinusartige Feldvertheilung gefundene Resultat $R_{max} < H_{max}$
hat also Allgemeingültigkeit.

Da die Verkleinerung von N die Leistungsfähigkeit der Motoren
und Generatoren herabdrückt, so muss nach einem einfachen Mittel
gesucht werden, diese Abnahme von N rechnerisch wenigstens annähernd festzustellen. Man pflegt zu diesem Zwecke die Ankerwindungen nach dem Vorgange von Esson in zwei Abtheilungen zerlegt zu denken, von denen die eine diejenigen umfasst, die zwischen
je zwei Polen liegen (A, B, C, D in Fig. 49) und die andere diejenigen,
welche sich vor den Polen befinden. Die ersteren bilden die wesentliche Ursache für die Verringerung der Polstärke und heissen deshalb „Gegenwindungen", die letzteren heissen „Querwindungen".

Die Wirkung der Gegenwindungen kann man sich in folgender
Weise erklären. Angenommen, jede der vier Gruppen A, B, C, D
umfasse n_g Drähte. Denkt man sich dann jede dieser Gruppen
noch in zwei Theile getheilt und betrachtet man z. B. die halben
Gruppen von A und B, welche neben dem obersten Pole liegen, so
ergiebt sich Folgendes: Diese Drähte können betrachtet werden als
gehörig zu einer flachen, rechteckigen Spule, deren Axe mit der
Polaxe zusammenfällt und die, von unten gesehen, von einem Strome
im Sinne des Uhrzeigers durchflossen wird. Da diese Spule $\frac{n_g}{2}$
Windungen umfasst, so würde bei einer Stromstärke von i in jedem
ihrer Drähte die Ampèrewindungszahl $\frac{n_g\,i}{2}$ in ihr wirken. Die Richtung der von ihr erzeugten Kraftlinien ist zu bestimmen durch die
auf S. 20 gegebene Regel, wonach ein Beschauer in der Richtung
dieser Linien blickt, der, längs der Spulenachse schauend, den Strom
im Sinne des Uhrzeigers fliessen sieht. Darnach würde die magnetische Kraft dieser Spule von unten nach oben, also entgegen den

eingezeichneten Kraftlinien der Magnetschenkel gerichtet sein. Ein Gleiches gilt auch für die anderen Windungen, welche neben den übrigen Polen liegen, auch diese sind „Gegenwindungen". Um die Wirkung derselben zu kompensiren, muss also die Ampèrewindungs-zahl einer jeden Erregerspule der Magnetschenkel um $\frac{n_g\,i}{2}$ gegenüber demjenigen Werthe vergrössert werden, welcher sich aus den früher besprochenen Berechnungsmethoden (S. 23—30) ergiebt[1]).

Um nun auch die Wirkung der Querwindungen zu erkennen, braucht man nur alle ihre Drähte einzeln zu betrachten. Von der unterhalb des obersten Poles liegenden Drahtgruppe z. B. würde jeder Draht magnetische Kräfte erzeugen, welche in freier Luft in Kreisen im Sinne des Uhrzeigers verliefen. Die Nachbarschaft der eisernen Pole ändert zwar die Kreisform im Einzelnen ab, als allge-meines Merkmal bleibt aber bestehen, dass die magnetische Kraft eines jeden Drahtes im Luftraum zwischen dem Anker und jenem Pole links vom Drahte von unten nach oben und rechts von oben nach unten wirkt. Am linken Polrande erzeugen also alle Querschnitte Kräfte, die entgegen dem Hauptfelde verlaufen, am rechten Rande aber solche, die ebenso wie das Hauptfeld gerichtet sind. In der Mitte endlich heben sich die Wirkungen der auf beiden Seiten gelegenen Querdrähte auf. Das resultirende Feld muss daher, selbst wenn das Hauptfeld über die ganze Polausdehnung konstante Kräfte giebt, ungleichförmig sein und vom linken zum rechten Polrande an Inten-sität zunehmen. Allgemein findet man auch bei der Betrachtung der übrigen Pole, dass die Feldstärke stets an denjenigen Rändern am kleinsten ist, nach welchen hin die Bürsten verschoben werden mussten, und nach dem anderen Rande hin wächst. Diese schon

---

[1]) Gl. 11 (S. 26) giebt als $n\,J$ die Anzahl Ampèrewindungen für einen ganzen magnetischen Kreis, also für zwei Magnetschenkel. Da die Kor-rektion für jeden Magnetschenkel $\frac{n_g\,i}{2}$ beträgt, so ist $n\,J$ um $n_g\,i$ zu korri-giren. Es muss übrigens besonders beachtet werden, dass i nur den Strom in einem Ankerdrahte nicht aber den gesammten Strom be-deutet, welcher dem Anker zugeführt oder entnommen wird. Bei Ankern mit Parallelschaltung ist also $i = \frac{J}{2p}$, bei Ankern mit Reihenschaltung $i = \frac{J}{2}$ zu setzen.

oben erwähnte Thatsache gewinnt dadurch Bedeutung, dass zur Herstellung der Funkenlosigkeit nach Abschnitt X eine bestimmte Feldstärke an der Stelle des Spulenkurzschlusses vorhanden sein muss.
Der Konstrukteur muss also darauf bedacht sein, zu erreichen, dass
die resultirende Feldstärke durch die Querwindungen einseitig nicht
zu sehr verkleinert wird.   Die weitere Verfolgung dieses Gegenstandes
liegt indess ausserhalb des Zweckes der vorliegenden Darstellung.

XII. Wirbelströme und Hysteresis.

Zu den Arbeitsverlusten in den Anker- und Schenkelwickelungen der elektrischen Maschinen, die allgemein durch den Ausdruck $J^2 w$ bestimmt sind, können noch andere Verluste elektrischer und magnetischer Natur hinzutreten, welche bei mangelhaften Konstruktionen sehr erhebliche Werthe annehmen können. Diese Verluste haben nicht nur durch ihren Einfluss auf den Wirkungsgrad ökonomische Bedeutung, sondern können auch deswegen, weil sich die verlorene Arbeit in Wärme umsetzt, in betriebstechnischer Hinsicht grossen Schaden stiften. Ihre Ursachen sind die „Wirbelströme" und die magnetische „Hysteresis". Im Folgenden wird eine wissenschaftlich erschöpfende Darstellung dieser Vorgänge nicht beabsichtigt, sondern nur eine Besprechung ihrer Grundlagen und der sich daraus ergebenden Mittel für ihre Beschränkung.

Die Wirbelströme.

Auf S. 56 ist festgestellt worden, dass in jedem äusseren axialen Leiter einer rotirenden Ankerwickelung eine E. M. K. inducirt wird von der Grösse

$$e_1 = \mathfrak{B}_r \, g \, l.$$

Diese Formel gilt ganz allgemein für einen beliebigen um eine Axe mit der absoluten Geschwindigkeit g rotirenden und parallel zu dieser Axe liegenden Leiter l, wenn die radiale magnetische Kraft, an dem Orte, an welchem er sich gerade befindet, $\mathfrak{B}_r$ ist. Da nun die magnetischen Kraftlinien auch das Innere des Ankers durchsetzen, so müssen auch in den Eisenmassen desselben elektromotorische Kräfte erzeugt werden. Um die Grösse und Vertheilung dieser Kräfte zu bestimmen, müsste man sich das ganze Ankerfleisch in lauter unendlich dünne axiale Adern von der Länge l zerlegt denken, jede Ader als axialen Leiter behandeln und die in ihr inducirte E. M. K. nach obiger Gleichung berechnen. Diese Rechnung wäre für die

ganzen elektrischen Vorgänge im Ankereisen erschöpfend, denn die
axialen elektromotorischen Kräfte sind die einzigen, welche auftreten;
radiale oder tangentiale werden nicht inducirt[1]).

Da jeder der axialen Leiter bei der Rotation eine Cylinderfläche
beschreibt, so ist es natürlich zweckmässig, alle diejenigen Adern
gleichzeitig ins Auge zu fassen, welche einer und derselben Cylinderfläche angehören; denn für diese ist die absolute Geschwindigkeit g
die gleiche, und die Vertheilung der E.M.K. längs des Cylinder-
umfanges hängt nur von $\mathfrak{B}_r$ ab.

Die Vertheilung der radialen magnetischen Kräfte $\mathfrak{B}_r$ im
Innern des Ankers ist allerdings sehr schwer zu bestimmen, selbst
wenn sie für den äusseren Ankerumfang durch ein Diagramm wie
in Fig. 19 (S. 45) bekannt ist. Die Schwierigkeit liegt darin, dass
die Kraftlinien im Anker nicht radial weiter verlaufen, wie sie eingetreten sind (Fig. 8 und 9), und daher auch die radialen Komponenten der magnetischen Kräfte sich im Innern ändern. Mit Sicherheit lässt sich aber behaupten, dass auch im Ankereisen an denjenigen
Theilen, die Nord- und Südpolen gegenüberstehen, die Kräfte $\mathfrak{B}_r$ entgegengesetzte Richtung haben und dass dazwischen neutrale Axen
liegen. Wenn auch nicht in den Einzelheiten der Form, die für
die vorliegenden Betrachtungen nur unwesentlich sind, so gelten die
Kurven in Fig. 19 doch wenigstens ihrem allgemeinen Charakter
nach auch für jeden unendlich dünnen Cylinder im Innern des
Ankers, der mit der äusseren Oberfläche des letzteren eine gemein-
schaftliche Axe hat. Mit jener Einschränkung stellen also die Kurven
in Fig. 19 schliesslich auch die Vertheilung der axialen E.M.K. längs
dieser Cylinderoberfläche dar.

Die elektrischen Bewegungsvorgänge, welche dadurch im Anker
entstehen, kann man am leichtesten überblicken, wenn man eine
hydraulische Analogie betrachtet. Statt des Ankers denke man sich
eine hohle Trommel von gleicher Grösse mit Wasser gefüllt und die
ganze Wassermasse zerlegt in lauter axiale Röhrchen, in denen eine
Pressung $e_1 = \mathfrak{B}_r\, g\, l$ bestehe. Da die Länge l aller dieser Röhrchen
dieselbe ist muss die Bewegung der Wassertheilchen offenbar davon
abhängen, wie $\mathfrak{B}_r$ und g sich räumlich und zeitlich ändern. Es ist
zweckmässig, die Trommel dabei als feststehend zu betrachten, also
von der kinematischen Umkehrung des elektrischen Vorganges aus-

---

[1]) S. Anmerkung S. 56.

zugehen und den Anker als ruhend, das magnetische Feld aber als rotirend anzunehmen.

Die ganze Wassermasse besteht dann aus lauter koncentrisch in einander geschobenen unendlich dünnen Cylindern, in deren axialen Adern der axiale Druck sich zeitlich ändert wie die Radiivektoren der Kurve $\mathfrak{B}_r$ in Fig. 19. Diese Kurve stellt die räumliche Vertheilung des Druckes längs der Cylinder-Peripherie in jedem Augenblick dar; ihre Rotation ergiebt daher die zeitlichen Aenderungen in jeder Ader. Die Pressungen in allen einzelnen Adern ändern also periodisch ihre Grösse und ihre Richtung. Bezeichnet man den jeweilig vorhandenen Druckzustand als eine „Phase" der periodischen Aenderung, so sind die Druckzustände der verschiedenen Adern in der Phase gegen einander verschoben, oder gleiche Druckzustände treten in benachbarten Adern nicht gleichzeitig, sondern nach einander ein. Nimmt man hinzu, dass die absoluten Grössen, welche die Pressungen dabei erreichen, in den inneren Cylindern kleiner sind als in den äusseren, weil g geringer ist, so erkennt man, dass die periodischen Druckänderungen in der ganzen Wassermasse von ausserordentlich verwickelter Natur sind. Als Folge davon müssen überaus komplicirte hin- und hergehende Bewegungen der Wassertheilchen auftreten, welche in der elektrischen Analogie als Wirbelströme bezeichnet werden. Die exacte Feststellung des Verlaufes derselben würde selbst bei genauer Kenntniss der magnetischen Kraftvertheilung auch im Innern des Ankers zu den schwierigsten Problemen der Mathematik gehören und nur mit partiellen Differentialgleichungen höherer Ordnung möglich sein. Die vorangehende Darstellung der grundlegenden Verhältnisse zeigt aber, dass es Mittel giebt, der Entstehung solcher Wirbelströme entgegenzuwirken.

Im hydraulischen Analogon könnte man die Wirbelbewegung der Wassertheilchen dadurch unterbinden, dass man entweder durch eine grosse Anzahl senkrecht zur Axe gestellter Zwischenwände die Trommel in lauter kleine Zellen untertheilte und dadurch die Bewegung der Wassertheilchen längs der Kraftrichtung abschnitte, oder indem man den inneren Raum mit vielen axial gelegten Röhrchen durchzöge, so dass jede „Ader" von einem besonderen Röhrchen eingeschlossen würde und ein Ausgleich der Druckdifferenzen gegenüber den Nachbaradern nicht stattfinden könnte. Das erstere Verfahren bestände im elektrischen Falle in der Zusammensetzung des Ankers aus lauter senkrecht zur Axe gestellten, von einander isolirten

Eisenblechen, der zweite in der Herstellung aus axial liegenden isolirten Eisendrähten. Da die erstere Lösung des Problems konstruktiv einfacher ist, so wird sie heutzutage allgemein angewendet. Die Isolation der einzelnen Bleche geschieht dabei entweder durch dünne Papiereinlagen oder durch einen einfachen Anstrich; den Raumverlust rechnet man bei jenen zu 10—15 %, bei diesem zu 5—10%. Die Blechdicke soll bei Gleichstrom-Ankern 1,5 mm nicht übersteigen.

Es ist zu bemerken, dass durch die Zerlegung in Bleche der Verlauf der Kraftlinien im Anker nicht behindert wird. Da die Kraftlinien nämlich nach S. 43 axiale Komponenten nicht besitzen, also nur in den Ebenen der Bleche verlaufen, so haben sie die kleinen Zwischenräume zwischen den Blechen überhaupt nicht zu überbrücken. Würde man dagegen den Ankerkörper aus axialen Drähten zusammensetzen, so müssten die Kraftlinien von einem Draht zum andern übergehen, und der magnetische Widerstand würde durch den Zwischenraum zwischen denselben wesentlich erhöht werden.

Die Nothwendigkeit der Untertheilung kann auch bei der Kupferbewickelung des Ankers auftreten, wenn die letztere für starke Ströme bestimmt ist und daher dicke Drähte benutzt werden müssen. Denkt man sich zunächst die Wickelung nicht aus einzelnen Drähten oder Kupferbändern zusammengesetzt, sondern aus einem kompakten Kupfermantel bestehend, so entstehen darin Wirbelströme, wie in den dünnen Eisencylindern, aus denen wir uns vorher den Eisenkörper zusammengesetzt dachten. Aber auch in einem axialen Draht von endlichen Dimensionen müssen Wirbelströme auftreten, da in den einzelnen Adern in jedem Augenblicke verschiedene Drucke bestehen. Um diese Ströme herabzudrücken, darf natürlich eine Untertheilung der Drähte in axialer Richtung nicht geschehen, da sonst dem gesammten Triebstrom des Elektromotors oder dem nach aussen zu liefernden Strom des Generators im Anker der Weg abgeschnitten würde. Man muss daher zu dem oben an zweiter Stelle genannten Mittel greifen und den dicken Draht aus dünneren, parallel gelegten Drahtadern zusammensetzen. Hier kann natürlich diese Art der Untertheilung den Verlauf der Kraftlinien nicht hemmen; denn die isolirenden Zwischenräume zwischen den Kupferdrähten haben denselben magnetischen Widerstand, als wenn sie aus dem ebenfalls unmagnetisirbaren Kupfer beständen.

Die Hysteresis.

Bei der Rotation des Ankers im magnetischen Felde der Pole wird jedes Theilchen des Ankers fortwährend ummagnetisirt. Man erkennt dies leicht z. B. an Fig. 49 S. 119. Von dem Anker, welcher in dieser Figur dargestellt ist, möge ein Theilchen betrachtet werden, welches bei der Drahtabtheilung A im Innern gerade dort gelegen ist, wo der Pfeil die Richtung der magnetischen Kraft andeutet. Wenn dieses Theilchen ein unendlich dünnes und kurzes Eisenstäbchen ist, dessen Axe gerade in der Richtung der magnetischen Kraft liegt, so giebt der Pfeil die Richtung an, in welcher dasselbe von einem unendlich dünnen Kraftlinienbüschel durchströmt wird. Dieser Kraftlinienfluss macht das Stäbchen zu einem Magnet, dessen Südpol dort liegt, wo die Kraftlinien in seine Endfläche eintreten, und dessen Nordpol sich da befindet, wo sie wieder austreten. Wenn der Anker sich nun in der Uhrzeigerrichtung dreht, bis das Theilchen bei B angekommen ist, so lehrt die Figur, dass die Kraftlinien gerade in umgekehrter Richtung durch dasselbe hindurchgehen wie früher. Nordpol und Südpol vertauschen sich also und das Stäbchen wird ummagnetisirt. Geschieht die Drehung weiter, bis nach C, so wird die alte Magnetisirung wie bei A wieder hergestellt, und das Theilchen hat einen vollständigen „Kreisprocess" durchgemacht. Ganz Entsprechendes gilt auch für alle anderen Theilchen des Ankers.

Für eine solche doppelte Ummagnetisirung ist aber in allen Fällen ein Arbeitsaufwand nothwendig, unter welchen besonderen Verhältnissen man den Kreisprocess auch durchlaufe. Ohne auf die specielle Theorie des Gegenstandes und insbesondere auf die Berechnung der Grösse dieser Arbeitsmenge näher einzugehen, kann man die Begründung schon ganz allgemein aus der Erscheinung der Remanenz ableiten. Um mit möglichst einfachen Vorstellungen zu arbeiten, möge ein Eisenstab betrachtet werden, welcher durch Strom in einer darüber geschobenen Spule magnetisirt sein möge. Wenn man diesen Strom unterbricht, so hört bekanntlich die Magnetisirung nicht völlig auf, sondern vermindert sich nur bis auf einen bestimmten Werth, den sie beibehält. Um diesen remanenten Magnetismus völlig zu zerstören und das Eisen wieder ganz zu entmagnetisiren, bedarf es in der Spule eines Stromes, also einer magnetisirenden

Kraft in umgekehrter Richtung. Nach dem Princip der Wirkung und Gegenwirkung muss angenommen werden, dass dieser Kraft eine gleiche, aber entgegengesetzte Kraft im Eisen gegenübersteht, welche überwunden werden musste. Diese Kraft wird als die Koercitivkraft des Eisens bezeichnet. Die ganze Erscheinung, welche sich in dieser Kraft und in der Remanenz verkörpert, heisst die Hysteresis[1]). Nach völliger Entmagnetisirung bekommt man bei weiterer Steigerung der Stromstärke im negativen Sinne auch eine Umkehrung des Magnetismus und erhält schliesslich, wenn die Stromstärke den Ausgangswerth in negativer Richtung erreicht hat, auch Ausgangswerth der magnetischen Induktion $\mathfrak{B}$ im negativen Sinne.

Nach den Erörterungen auf S. 29 bedeutet nun die Magnetisirung eine Anhäufung von potentieller Energie. Der obige Satz, dass die völlige Umkehrung des Stromes auch zu völliger Umkehr der Magnetisirung führt, besagt also, dass in beiden Fällen gleiche potentielle Energie in verschiedenem Sinne vorhanden ist. Da nun bei der Unterbrechung des ersten Stromes die Magnetisirung und damit auch die potentielle Energie nicht völlig aufgehört hat, so muss sie durch einen besonderen äusseren Energieaufwand zerstört werden, ehe sie den entgegengesetzten Betrag ihres Anfangswerthes erreichen kann. Dieser äussere Energieaufwand bedeutet die eigentliche Ummagnetisirungsarbeit, er findet sein Aequivalent in einer Erwärmung des Eisens.

Bei Gleichstromankern ist der Magnetisirungsvorgang im Detail verwickelter als bei dem soeben betrachteten Stabe, weil die Kraftlinien bei den verschiedenen Stellungen in ein und demselben Theilchen sich nicht parallel bleiben. Die obigen Schlussfolgerungen bleiben aber auch hier gültig, da sie nur aus der allgemeinen Eigenschaft der Hysteresis gezogen worden sind. Da die Hysteresis aber eine innere Eigenthümlichkeit aller Eisensorten ist, so lässt sich die Arbeit der Ummagnetisirung nur durch Wahl von Materialien herunterdrücken, welche wenig Hysteresis zeigen, nie aber ganz vermeiden oder durch Untertheilung der Eisenkörper vermindern. Aus diesem Grunde sollen die Anker der elektrischen Maschinen nur aus bestem und weichstem Schmiedeisen hergestellt werden.

---

[1]) von ὑστερέω zurückbleiben (der Aenderung der Magnetisirung gegenüber der Aenderung der magnetisirenden Kraft).

Anhang.

Das absolute Maass-System.

Im ersten Abschnitte dieses Buches sind die elektrischen Einheiten Ampère, Ohm, Volt und Watt nur äusserlich definirt worden durch das Verfahren ihrer Herstellung und Messung, ohne dass die Wahl gerade dieser Einheitswerthe näher begründet wurde. Im Verlaufe der Betrachtungen traten deshalb bei der Umrechnung der elektrischen und magnetischen Grössen in die gewohnten mechanischen Grössen: Kraft und Arbeit Uebergangsfaktoren auf, die nur angegeben, aber nicht berechnet werden konnten. Da die rechnerische Feststellung dieser Faktoren sich naturgemäss nur auf einer scharfen wissenschaftlichen Definition der elektrischen Einheiten aufbauen kann, so möge eine solche an dieser Stelle noch als Ergänzung gegeben werden.

Wie schon im ersten Abschnitte hervorgehoben wurde, kann die Wahl der elektrischen Einheiten zunächst ganz beliebig sein. So benutzte man z. B. in früheren Jahren ein sehr bequemes und ziemlich konstantes galvanisches Element, das Daniell'sche, zur Definition der Einheit der E.M.K. Dieses Element, das eine positive Elektrode aus Kupfer und eine negative aus Zink enthält, die in Kupfervitriol bezw. in Zinkvitriol oder Schwefelsäure stehen, wurde und wird noch heute in physikalischen Laboratorien sehr gern für galvanische Versuche verwendet. Es lag also nahe, seine E.M.K. als Vergleichsmaassstab für alle anderen vorhandenen Stromquellen zu benutzen und die E.M.K. der letzteren einfach in „Daniell" auszudrücken. Nachdem dann Werner Siemens eine Quecksilbersäule von 1 m Länge und 1 qmm Querschnitt als Widerstandseinheit vorgeschlagen und Reproduktionen dieser Einheit an alle grösseren Laboratorien verschickt hatte, war durch das Ohm'sche Gesetz zugleich auch eine Einheit der Stromstärke definirt; nämlich diejenige, welche ein „Daniell" zu erzeugen vermag, wenn es durch ein „Siemens" geschlossen wird. Diese Stromeinheit hiess denn auch in der That ein Daniell/Siemens. Neben diesen Einheiten war aber in früheren Jahren noch eine ganze Reihe anderer in Benutzung, mehrfach sogar verschieden definirte unter gleichem Namen, sodass die Unsicherheit auf dem Gebiete des elektrischen Messens dem Wirrwarr der verschiedenen Gewichts- und Raum-Maasssysteme der einzelnen Völker und Völkchen nichts nachgab. Die absolute Einigkeit, welche in der Definition der elektrischen und magnetischen Einheiten dagegen jetzt besteht, die internationale Annahme eines Systems, das sich auf allgemein anerkannter wissenschaftlicher Grundlage aufbaut und zugleich den Namen von bedeutenden Männern des Faches ohne Rücksicht auf ihre Nationalität ein bleibendes Denkmal setzt, kann als eine Kulturerrungenschaft ersten Ranges betrachtet werden, die an Werth noch steigt, wenn man bedenkt, dass sogar dem Decimalsystem für Maass und Gewicht noch heute manches Thor verschlossen ist.

Das Wesen des heutigen Systems ist, wie bereits im ersten Abschnitt erwähnt wurde, die Zurückführung der zu definirenden abstrakten Einheiten auf diejenige der bekannten mechanischen Einheiten unter Benutzung von Naturgesetzen, welche die Beziehung der elektrischen und magnetischen Grössen mit den mechanischen zum Ausdruck bringen. Für den vorliegenden Zweck erscheint es angebracht, bei der Verfolgung dieses Gedankenweges von den üblichen technischen Einheiten nämlich dem Kilogramm, dem Meter und dem Kilogrammmeter auszugehen. Es möge indess sogleich vorausgeschickt werden, dass die Erklärung, welche an dieser Stelle zu geben möglich ist, nur rein abstrakter Natur sein kann.

Hält man das Kilogramm als Krafteinheit und das Meter als Längeneinheit fest, so erhält man durch das Grundgesetz der magnetischen Kräfte (Gl. 9, S. 12) zunächst eine Einheit für die magnetische Masse. Nach der Gleichung

$$F = \frac{m^2}{r^2}$$

muss diejenige Masse m als die Einheit bezeichnet werden, welche auf eine gleiche Masse in der Entfernung von $r = 1$ m eine Kraft von $F = 1$ kg ausübt. Hieraus ergiebt sich aber sogleich auch die

Einheit für die magnetische Feldstärke $\mathfrak{B}$, welche wir als die Kraft auf eine Masseneinheit an einer beliebigen Stelle des Feldes definirten. $\mathfrak{B}$ ist offenbar dort gleich eins, wo die vorhin definirte Masseneinheit die Kraft von 1 kg erfährt.

Mit Hilfe des Grundgesetzes für die elektromagnetischen Kräfte, welches auf S. 42 für einen endlichen Leiter auf die Form

$$Z = \mathfrak{B}_r \, i \, l$$

gebracht wurde, erhält man dann ohne Weiteres die Einheit der Stromstärke i. Dies ist offenbar derjenige Strom, welcher in einem Leiter von $l = 1$ m Länge vorhanden sein muss, damit dieser Leiter in einem konstanten Magnetfelde von der Stärke $\mathfrak{P} = 1$ und von senkrecht zu seiner eigenen Axe wirkender Kraftrichtung eine Zugkraft $Z = 1$ kg erfährt. Hieraus ergiebt sich dann aber auch die Einheit der E.M.K., wenn man bedenkt, dass die Arbeit, welche sekundlich in einem geschlossenen Stromkreise von der E.M.K. e bei der Stromstärke i geleistet wird $= e \cdot i$ und dass die während t Sekunden geleistete Gesammtarbeit

$$A = e \cdot i \cdot t$$

ist. Die Einheit von e ist darnach diejenige E.M.K., welche in einem Kreise, in welchem sie die vorhin definirte Einheit der Stromstärke $i = 1$ erzeugt, während einer Sekunde ($t = 1$) eine Arbeit von $A = 1$ kgm leistet. Und schliesslich ist nach dem Ohm'schen Gesetze

$$w = \frac{e}{i}$$

die Einheit des Widerstandes derjenige Widerstand, welcher in einem Stromkreise vorhanden ist, wenn in ihm die E.M.K. $e = 1$ eine Stromstärke $i = 1$ herstellt.

Würde man die elektrischen und magnetischen Messinstrumente so einrichten, dass sie die Grössen in diesen Einheiten mässen, so würde umgekehrt die Einführung der gemessenen Grössen in die Gleichungen für Z und für A die elektromagnetische Zugkraft von Gleichstromankern und die Arbeit des elektrischen Stromes direkt in kg und kgm ergeben.

Die geschilderte Definitionsweise wäre darnach sicherlich die einfachste und im Zusammenhang mit der technischen Verwendung des Stromes auch die natürlichste. Trotzdem hat man sie mehr aus einem geistigen als aus einem praktischen Bedürfniss nicht gewählt.

Der Grund dafür liegt in der interessanten Erkenntniss, dass man sämmtliche physikalischen Grössen durch 3 Grundeinheiten ausdrücken kann: nämlich durch diejenigen der Länge, Masse und Zeit, und dass es dadurch möglich wird, ein einheitliches Maasssystem für alle Quantitäten zu schaffen, mit denen die exakten Wissenschaften zu rechnen haben. Man nennt dieses „das absolute Maasssystem". Jene als Ausgang dienenden, grundlegenden Einheiten sind nach der jetzigen internationalen Konvention das Centimeter, das Gramm und die Sekunde, weshalb man auch als abgekürztes Symbol die Bezeichnung (c g s)-System benutzt.

Um nun die elektrischen und magnetischen Einheiten in diesem neuen Maasssystem auszudrücken, ist es nur nöthig, die obigen Betrachtungen unverändert zu wiederholen und dabei nur die als Grundlage benutzten technischen Einheiten kg, m und kgm durch die entsprechenden absoluten zu ersetzen. Da also der Unterschied des neuen Maasssystems von dem vorhin aufgestellten nur durch den Unterschied der absoluten und der technischen Kraft- und Arbeitseinheit bedingt ist, so wäre das Verhältniss derselben zu einander zunächst noch zu berechnen.

Im absoluten Maasssystem versteht man unter der Einheit der Kraft diejenige, welche der Masse von 1 g in der Sekunde die Beschleunigung von 1 cm ertheilt, und nennt diese Kraft, wie bereits im Abschnitt II (S. 13) erwähnt wurde, eine „Dyne". Im technischen Maasssystem dagegen bedeutet 1 kg den Gravitationsdruck der Masse von 1 kg auf die Unterlage oder die Kraft, mit der sie von der Erde angezogen wird. Da die Masse von 1 kg 1000 mal so gross ist wie diejenige von 1 g und die Beschleunigung, welche ihr die Erdkraft ertheilt, 981 cm beträgt, so ist

$$1 \text{ kg} = 981000 = 9{,}81 \cdot 10^5 \text{ Dynen.}$$

Unter der absoluten Einheit der Arbeit versteht man ferner diejenige, welche von der Kraft einer Dyne geleistet wird, wenn diese einen Körper über einen Weg von 1 cm wegbewegt; diese Arbeitseinheit heisst ein „Erg". Da andererseits bei der technischen Einheit der mechanischen Arbeit als die Einheit des Weges 1 m = 100 cm angenommen wird, so ist

$$1 \text{ kgm} = 981000 \cdot 100 = 9{,}81 \cdot 10^7 \text{ Erg} \quad \ldots \quad (36)$$

Denkt man sich nun die Einheiten von $\mathfrak{B}$, i, e und w jetzt durch die Dyne, das Centimeter und das Erg, wie früher durch kg, m und kgm ausgedrückt und wieder Instrumente gebaut, welche die Messung in diesen neuen Einheiten gestatten, so muss die Einsetzung der damit gemessenen Grössen in die Formeln für Z und A die Zugkraft und Arbeit des Stromes auch in Dynen und Erg ergeben. Da es aber für technische Aufgaben wünschenswerth ist, diese Resultate in kg und kgm zu erhalten, so müssen die oben berechneten Uebergangsfaktoren in die Formeln eingeführt werden, und man erhält

$$Z = \frac{1}{9{,}81 \cdot 10^5} \, \mathfrak{B}_r i \, l \; \text{kg}$$

$$= 1{,}019 \cdot 10^{-6} \, \mathfrak{B}_r i \, l \, \text{kg}$$

und

$$A = \frac{1}{9{,}81 \cdot 10^7} \, e \, i \, t \; \text{kgm}$$

$$= 1{,}019 \cdot 10^{-8} \, e \, i \, t \; \text{kgm}.$$

Ganz dieselben Uebergangsfaktoren sind natürlich auch bei allen anderen früher aufgestellten Formeln für elektromagnetische Zugkraft und Arbeit des Stromes einzuführen, wenn darin die elektrischen und magnetischen Grössen in absoluten Einheiten ausgedrückt sind. So ergiebt sich z. B. für das Drehmoment der Gleichstrommotoren

$$D = 1{,}019 \cdot 10^{-8} \, \frac{N \, n \, J}{2 \, \pi} \; \text{kgm}.$$

Das international festgelegte Maasssystem verwendet nun die absoluten Einheiten in unveränderter Form nur für die magnetischen Grössen; für die elektrischen Grössen wäre seine direkte Benutzung deswegen unpraktisch, weil insbesondere die in der Technik verwendeten Spannungen, in absoluten Einheiten ausgedrückt, als zu hohe Zahlen erscheinen würden. Die absolute Spannungseinheit ist viel zu klein, und man setzt deshalb die technische Einheit

$$1 \; \text{Volt} = 10^8 \; \text{absolute Einheiten}.$$

Ferner wird gesetzt die technische Einheit

$$1 \; \text{Amp.} = 0{,}1 \; \text{absolute Einheiten}$$

und deshalb

$$1 \; \text{Ohm} = \frac{1 \; \text{Volt}}{1 \; \text{Amp}} = 10^9 \; \text{absolute Einheiten}$$

und

$$1 \; \text{Watt} = 1 \; \text{Volt} \cdot 1 \; \text{Amp} = 10^7 \; \text{absolute Einheiten}$$

Die letzte dieser Gleichungen liefert zugleich die Beziehung zwischen kgm und Watt oder zwischen Pferdestärke und Watt. Man erhält nämlich unter Berücksichtigung von Gl. 36

$$1 \text{ kgm} = 9{,}81 \text{ Watt}$$

und

$$1 \text{ P.S.} = 75 \cdot 9{,}81 = 736 \text{ Watt.}$$

Bedenkt man andererseits, dass nach einem bekannten Satze der Wärmemechanik

$$1 \text{ kg cal} = 424 \text{ kgm}$$

ist, so erkennt man, dass

$$1 \text{ g cal} = 4{,}16 \text{ Watt}$$

und

$$1 \text{ Watt} = 0{,}240 \text{ g cal}$$

gesetzt werden kann.

In die Formeln für Z, A und D kommt natürlich ein neuer Uebergangsfaktor hinein, wenn darin i und e in Ampère und Volt statt in absoluten Einheiten eingesetzt werden sollen. Da z. B. das Ampère 10 mal so klein ist wie die absolute Einheit der Stromstärke, so erscheint ein und derselbe Strom in Ampère durch eine 10 mal so grosse Zahl ausgedrückt wie in absoluten Einheiten. Würde man also z. B. den in Ampère ausgedrückten Strom direkt in die Gleichung für Z einsetzen, so würde man einen 10 fach zu grossen Werth erhalten, und man muss daher noch mit 0,1 multipliciren. Demnach wird — wenn $\mathfrak{B}_r$ und N in Dynen und l in cm ausgedrückt bleiben —

$$Z = 1{,}019 \cdot 10^{-7} \, \mathfrak{B}_r \, i \, l \text{ kg}$$

und

$$D = \frac{1{,}019 \cdot 10^{-9}}{2\pi} \, N n J \text{ kgm}$$

$$= 1{,}612 \cdot 10^{-10} \, N n J \text{ kgm.}$$

Damit sind alle Uebergangsfaktoren ausgedrückt, welche in den Betrachtungen der früheren Abschnitte vorkommen.

Nach der Aufstellung der angegebenen abstrakten Definitionen für die elektrischen Einheiten war es Aufgabe der Physik, dieselben auch praktisch zu reproduciren, so dass die Aichung technischer Instrumente auf dieser Grundlage ausgeführt werden konnte. Zur Lösung dieser Aufgabe hat es mehr als anderthalb Jahrzehnte fein-

ster wissenschaftlicher Experimentalarbeit bedurft, bis die Uebereinstimmung unter den Ergebnissen der verschiedenen Forscher erreicht
war, welche der im Abschnitt I wiedergegebenen gesetzlichen Definition zu Grunde gelegt werden konnte. Die Methoden, welche
dabei benutzt wurden, bieten rein physikalisches Interesse und liegen
nicht nur fern von dem Zwecke dieses Buches, sondern auch weit
ab von dem speciellen Interessenkreise des Elektrotechnikers.

Buchdruckerei von Gustav Schade (Otto Francke) Berlin N.

www.ingramcontent.com/pod-product-compliance
Lightning Source LLC
Chambersburg PA
CBHW031445180326
41458CB00002B/653